粒计算基础教程

陈德刚　徐伟华　李金海　胡清华　编著

科学出版社

北　京

内 容 简 介

粒计算是目前人工智能领域内广为关注的研究课题，本书旨在为初学者提供学习粒计算理论与方法的基本指导。本书涵盖了模糊集、粗糙集以及形势概念分析三个领域的基本思想和概念，主要内容包括模糊集的定义及运算、模糊集的结构、模糊相似关系的构造及应用、粗糙集的定义及其构造、属性约简的基本理论与方法、模糊粗糙集的定义及其数学结构、概念格的定义及其基本性质、基于概念格的属性约简和规则提取等。

本书可作为应用数学、信息与计算科学、数据科学等领域的高年级本科生和研究生的教材，也可供相关领域的研究人员参考使用.

图书在版编目(CIP)数据

粒计算基础教程/陈德刚等编著.—北京：科学出版社，2019.12

ISBN 978-7-03-063661-4

I. ①粒…　II. ①陈…　III. ①人工智能—计算方法　IV. ① TP18

中国版本图书馆CIP数据核字（2019）第272423号

责任编辑：李静科　李　萍／责任校对：邹慧卿

责任印制：吴兆东／封面设计：无极书装

科学出版社出版

北京东黄城根北街16号

邮政编码：100717

http://www.sciencep.com

北京厚诚则铭印刷科技有限公司印刷

科学出版社发行　各地新华书店经销

*

2019年12月第　一　版　开本：720×1000　1/16

2024年 4 月第三次印刷　印张：8　1/4

字数：166 000

定价：68.00 元

（如有印装质量问题，我社负责调换）

前　言

粒计算旨在通过模拟人脑认知机制，对数据进行粒化形成抽象概念，以获取数据中潜在的能够为人们所用的知识. 特别是在大数据背景下粒计算已成为有效的知识获取方法. 从 1979 年 L. A. Zadeh 首次提出并讨论了模糊信息粒化问题以来, 粒计算的理论与方法得到了迅猛的发展，并在许多领域表现出广阔的应用前景. 近二十年来，包括模糊集、粗糙集和概念格在内的粒计算理论与方法得到了来自数学、计算机科学、管理科学等领域的研究人员关注, 吸引了一批学者和研究生进入粒计算领域从事研究工作.

目前, 国内外已经出版了一些模糊集、粗糙集和概念格的专著, 这些专著主要面向专业研究人员, 不适合作为初学者的教材. 在模糊数学方面虽然已出版了多部教材, 但这些教材的适用范围比较宽泛, 对粒计算的初学者不具有针对性. 因而为粒计算的初学者提供一本涵盖模糊集、粗糙集和概念格的基本思想和方法的入门教材就显得十分必要.

本书着重介绍模糊集、粗糙集和概念格的基本思想、概念和方法, 没有过多地涉及这些概念的推广应用, 适合作为高年级本科生或者研究生在粒计算方面的基础教材. 其中部分章节的内容选自作者近几年发表的论文, 并且经过了作者重新梳理和阐述, 故本书具有基础性的同时也兼顾了前沿性.

考虑到目前各学校课时安排大都以 16 课时为单位, 为了便于任课教师灵活使用, 本书在结构上作了细致的安排. 其中第 1—3 章可以作为相关专业高年级本科生 32 课时模糊数学的教材；如果再加上 4.1 节、4.2 节和 4.4 节以及 5.1 节和 5.2 节, 则可以作为 40 学时模糊数学的教材；对学习过模糊数学的读者来说, 第 1, 4—6 章可以作为 32 课时的粒计算教材. 全书可作为 64 课时的粒计算教材, 如果将第 2 章和第 3 章的内容进行一定的取舍, 也可以作为研究生 48 课时的粒计算教材.

作者编写过程中参考借鉴了其他学者的专著和教材, 在书后的参考文献中已一一列出. 限于篇幅这里就不再列出各位学者的名字, 在此一并表示感谢!

囿于作者的学术水平, 本书难免存在选材和学识等方面的局限性, 敬请读者谅解. 如果读者发现了本书的疏漏与不足之处, 还请不吝赐教, 以便再版时进行修订.

陈德刚　徐伟华　李金海　胡清华

于 2019 年 10 月 1 日

目　　录

第 1 章　预 备 知 识

1.1　集合论的基础知识

集合是数学中最基本的概念, 高中数学的第一节课一般就会介绍集合的定义、运算及其基本性质, 大学里很多数学课程中阐述的理论也是以集合为出发点的. 就集合理论本身来说其发展的历程就是近现代数学史中扣人心弦的篇章之一, 比如康托尔对无穷集合的研究、第三次数学危机的爆发、公理化集合论的建立以及哥德尔不完备性定理的提出等都演绎了精彩的传奇故事. 为了使读者能够更好地理解本书中所要阐述的模糊集、粗糙集和概念格的基本思想, 本节首先对本书中所要涉及的有关经典集合的一些基本概念和结论进行介绍.

尽管集合是现代数学中最基本的概念, 但是对其基本定义却是描述性的. 宽泛地说, 集合就是一些对象的集体或总体. 在数学的论述里, 这些对象可以是数学研究的对象, 如数、空间的点、函数和图形等. 如果把关注的范围不仅仅局限在数学所研究的对象上, 那么任何对象的全体都可以构成一个集合. 本书假设我们面对着一个具体的问题, 一般用 U 表示所讨论对象的全体, 称之为论域.

集合的成员称为其元素, 某个元素在一个集合中称为其属于该集合. 属于某个集合这一概念是相当基本的, 表示为 “$\in$”, 通常读为 “是 $\cdots\cdots$ 的元素”. 一般地, 有三种方法来记一个特定的集合, 第一种是把所有的元素写在一个花括弧内, 如 $\{1,3,5,7\}$ 就是有四个元素 $1,3,5$ 和 7 的集合. 通常我们所接触的集合都很大, 甚至是无穷集合, 所以第二种写法就是用 “$\cdots$” 表示集合里的元素太多以致写不完, 如 $\{2,4,6,8,\cdots\}$ 表示所有正偶数的集合. 第三种方法也是最重要的一种, 是通过元素的性质来定义集合, 如 $\{(x,y): x^2+y^2=1\}$ 就是圆心在原点、半径为 1 的圆周.

集合的第三种表示方法揭示了集合的一个很重要的应用, 那就是集合可以用来表示一个概念的外延. 一个概念有双重属性: 内涵和外延, 清楚无歧义的概念内涵可以确定明确的概念外延, 即那些具有该内涵所描述性质的对象全体. 比如我们说 “今天课堂上的女同学” 这一概念的时候, 其内涵就是 “今天来上课” 的 “女性” 同学, 而其外延就是今天来上课的女同学的全体. 如果要用数学的方法抽象地表示这一概念, 我们不得不舍弃这一概念的内涵而只考虑其外延, 因而抽象地看一个概念就是一个集合. 事实上, 把具有相同描述的对象全体看成一个集合, 也就相当于对数据进行了粒化处理.

下面来介绍集合的基本运算. 首先一个集合里的元素的一部分构成了另一个集合, 称为这个集合的一个子集, 规定空集 $\varnothing$ 是任何集合的子集, 而论域 U 以任何集合为其子集. A 是 U 的子集记为 $A \subseteq U$, 称为 A 包含于 U. U 的子集的全体记为 $P(U)$, 即 $P(U) = \{A : A \subseteq U\}$, 称为 U 的幂集.

对于任意的 $A, B \in P(U)$, 可以分别定义它们的并和交的运算如下: $A \bigcup B = \{u \in U : (u \in A) \bigvee (u \in B)\}$, $A \bigcap B = \{u \in U : (u \in A) \bigwedge (u \in B)\}$, 其中 $\bigvee$ (析取) 表示 "或者", 而 $\bigwedge$ (合取) 表示 "并且". 集合 A 的补集定义为 $A^{\mathrm{C}} = \{u \in U : u \notin A\}$, 集合的并、交和补的运算满足下列性质.

定理 1.1.1　任意给定集合 $A, B, C \in P(U)$, 有

(1) $A \bigcap A = A, A \bigcup A = A$;(幂等律)

(2) $A \bigcap B = B \bigcap A, A \bigcup B = B \bigcup A$;(交换律)

(3) $A \bigcap (B \bigcap C) = (A \bigcap B) \bigcap C, A \bigcup (B \bigcup C) = (A \bigcup B) \bigcup C$;(结合律)

(4) $A \bigcap (A \bigcup B) = A \bigcup (A \bigcap B) = A$;(吸收律)

(5) $A \bigcap (B \bigcup C) = (A \bigcap B) \bigcup (A \bigcap C), A \bigcup (B \bigcap C) = (A \bigcup B) \bigcap (A \bigcup C)$;(分配律)

(6) $A \bigcap A^{\mathrm{C}} = \varnothing, A \bigcup A^{\mathrm{C}} = U$;(互补律)

(7) $(A^{\mathrm{C}})^{\mathrm{C}} = A$; (对合律)

(8) $(A \bigcap B)^{\mathrm{C}} = A^{\mathrm{C}} \bigcup B^{\mathrm{C}}, (A \bigcup B)^{\mathrm{C}} = A^{\mathrm{C}} \bigcap B^{\mathrm{C}}$. (对偶律)

根据互补律我们可以知道一个元素要么属于这个集合要么不属于这个集合, 二者有且只有其一成立, 因而性质 (6) 又可以称为排中律. 根据这一定律, 当我们用一个集合来表示一个概念的时候, 这个概念必须有清晰的内涵从而有明确的外延, 即一个个体要么具有该概念的内涵所确定的性质, 要么不具有该性质, 二者有且只有其一. 从而该个体要么属于要么不属于这个概念的外延, 二者有且只有其一成立.

集合的并、交概念可以推广到任意多个集合上去. 给定一族集合 $A_t \in P(U)$, $t \in \mathrm{T}$, T 是任意的指标集, 可以定义集族 $\{A_t : t \in \mathrm{T}\}$ 的并集和交集分别为 $\bigcup_{t\in\mathrm{T}} A_t = \{u : \exists t_0 \in \mathrm{T},\ u \in A_{t_0}\}$ 和 $\bigcap_{t\in\mathrm{T}} A_t = \{u : \forall t \in \mathrm{T},\ u \in A_t\}$, 这两个运算满足以下算律.

定理 1.1.2　设 $\{A_t : t \in \mathrm{T}\}$ 是任意的集族, $t \in \mathrm{T}$ 是指标集,

(1) 若 $\mathrm{T} = \bigcup \mathrm{T}_i, i \in \mathrm{I}$, 则有 $\bigcap_{i\in\mathrm{I}} \left(\bigcap_{t\in\mathrm{T}_i} A_t\right) = \bigcap_{t\in\mathrm{T}} A_t, \bigcup_{i\in\mathrm{I}} \left(\bigcup_{t\in\mathrm{T}_i} A_t\right) = \bigcup_{t\in\mathrm{T}} A_t$;

(2) 若 A 是任意集合, 则 $A \bigcup \left(\bigcap_{t\in\mathrm{T}} A_t\right) = \bigcap_{t\in\mathrm{T}} (A \bigcup A_t), A \bigcap \left(\bigcup_{t\in\mathrm{T}} A_t\right) =$

$\bigcup_{t\in \mathrm{T}}(A\bigcap A_t)$.

设 $A_1, A_2, \cdots, A_n$ 是任意 n 个集合, 定义 $A_1\times A_2\times\cdots\times A_n=\{(a_1,a_2,\cdots,a_n): a_i\in A_i, i=1,2,\cdots,n\}$, 称为 $A_1, A_2, \cdots, A_n$ 的笛卡儿乘积.

以上介绍了集合的一些基本概念和性质, 这里我们把集合显式地看成一些元素的全体, 这也是绝大多数人所习惯的方式. 除此之外, 还可以用函数来表示一个集合及其相关概念. 下面介绍集合的特征函数的概念.

定义 1.1.1 设 $A\in P(U)$, 定义 $\chi_A: U\to\{0,1\}$ 为

$$\chi_A(u)=\begin{cases}1, & u\in A,\\ 0, & u\notin A,\end{cases}$$

称之为集合 A 的特征函数.

显然, 若 $A\neq B$, 则 $\chi_A\neq\chi_B$, 即对任意的 $A\in P(U)$ 都有唯一一个定义域为 U、取值为 0 和 1 的函数与之对应. 反之, 对任意一个函数 $\chi: U\to\{0,1\}$, 令 $A=\{u:\chi(u)=1\}$, 则恰好有 $\chi_A=\chi$. 因此, 在 $P(U)$ 与定义域为 U、取值为 0 和 1 的函数集合之间就有一个一一对应. 更进一步地, 集合的并、交和补的运算都可以用特征函数来表示, 我们有以下的定理.

定理 1.1.3 任意给定集合 $A, B\in P(U)$, 有

(1) $\chi_{A\bigcup B}(u)=\max\{\chi_A(u),\chi_B(u)\}$;

(2) $\chi_{A\bigcap B}(u)=\min\{\chi_A(u),\chi_B(u)\}$;

(3) $\chi_{A^{\mathrm{c}}}(u)=1-\chi_A(u)$;

(4) $\chi_{\bigcup_{t\in\mathrm{T}}A_t}(u)=\sup_{t\in\mathrm{T}}\{\chi_{A_t}(u)\}$, $\chi_{\bigcap_{t\in\mathrm{T}}A_t}(u)=\inf_{t\in\mathrm{T}}\{\chi_{A_t}(u)\}$.

证明 我们只证 (1), 其余三个留作练习.

对 $\forall u\in U, \chi_{A\bigcup B}(u)=1\Leftrightarrow u\in A\bigcup B\Leftrightarrow u\in A\bigvee u\in B\Leftrightarrow\chi_A(u)=1\bigvee\chi_B(u)=1\Leftrightarrow\max\{\chi_A(u),\chi_B(u)\}=1$.

因此可以抽象地把集合与其特征函数不加区分, 或者说一个集合就是一个定义域为 U、取值为 0 和 1 的函数.

以上我们在一个论域上讨论了集合的基本性质, 在许多实际问题中往往要讨论多个集合元素之间的联系, 因而就有了关系的概念.

定义 1.1.2 设 U, V 是两个论域, $R\in P(U\times V)$ 称为 U, V 之间的一个关系.

抽象地看, 关系就是两个论域的笛卡儿乘积的一个子集. 关系的概念不仅仅局限于两个论域, 而且可以定义多个论域上的关系. 另一方面, 如果 $U=V$, 则称 $R\in P(U\times U)$ 为 U 上的一个关系, 以下主要考虑 $U=V$ 的情况.

定义 1.1.3 $R \in P(U \times U)$ 称为 U 上的一个等价关系, 如果满足以下条件:

(1) 自反性: 对 $\forall u \in U$, 有 $(u,u) \in R$;

(2) 对称性: 对 $\forall u,v \in U$, 若 $(u,v) \in R$, 则 $(v,u) \in R$;

(3) 传递性: 对 $\forall u,v,w \in U$, 若 $(u,v) \in R$ 且 $(v,w) \in R$, 则 $(u,w) \in R$.

等价关系是一种非常重要的二元关系, 利用等价关系可以对论域进行划分. 我们首先引入划分的概念.

定义 1.1.4 设 U 是一个论域, $\mathcal{M}(U) = \{A_t \in P(U) : A_t \neq \varnothing, t \in \mathrm{T}\}$ 是 U 的一个子集族, 满足

(1) $U = \bigcup_{t\in \mathrm{T}} A_t$;

(2) 对 $\forall i,j \in \mathrm{T}$, 若 $A_i \neq A_j$, 则 $A_i \bigcap A_j = \varnothing$,

称 $\mathcal{M}(U)$ 是 U 的一个划分.

定理 1.1.4 设 R 为 U 上的一个等价关系, 对 $\forall u \in U$, 定义 $[u]_R = \{w \in U : (u,w) \in R\}$, 则 $U/R = \{[u]_R : u \in U\}$ 是 U 的一个划分; 反之, 若 $\mathcal{M}(U)$ 是 U 的一个划分, 定义 $R = \{(u,v) : \exists A_t \in \mathcal{M}(U), (u \in A_t) \bigwedge (v \in A_t)\}$, 则 R 是 U 上的一个等价关系且 $U/R = \mathcal{M}(U)$.

定理的证明留作练习题.

最后给出关系合成的概念. 先来看一个例子. 假设有一个集合, 里面的元素都是男人. 定义该集合上的一个关系 “父子”, 可以利用父子关系合成这个集合上的另一个关系 “祖孙”: 甲和丙具有祖孙关系当且仅当存在乙使得甲和乙以及乙和丙同时具有父子关系, 由这个例子就可以抽象出关系合成的概念.

定义 1.1.5 设 R,S 是 U 上的关系, 定义 $R \circ S = \{(u,w) : \exists v \in U, ((u,v) \in R) \bigwedge ((v,w) \in S)\}$, 称 $R \circ S$ 是 R 和 S 的合成关系.

关系合成的定义表明 u,w 具有关系 $R \circ S$ 当且仅当存在 v 使得 u,v 具有关系 R 且 v,w 具有关系 S. 合成运算具有以下性质.

定理 1.1.5 设 R,S 和 T 是 U 上的关系, 则有

(1) $(R \circ S) \circ T = R \circ (S \circ T)$;

(2) 若 $R \subseteq S$, 则有 $R \circ T \subseteq S \circ T, T \circ R \subseteq T \circ S$;

(3) 若 $\{R_t : t \in \mathrm{T}\}$ 是 U 上的一族二元关系, 则有

$$R \circ \left(\bigcup_{t\in \mathrm{T}} R_t\right) = \bigcup_{t\in \mathrm{T}} (R \circ R_t), \quad \left(\bigcup_{t\in \mathrm{T}} R_t\right) \circ R = \bigcup_{t\in \mathrm{T}} (R_t \circ R);$$

(4) $\chi_{R\circ S}(u,w) = \sup_{v\in U} \min\{\chi_R(u,v), \chi_S(v,w)\}$;

(5) R 是传递的当且仅当 $R \circ R \subseteq R$.

证明 只证明 (1) 和 (3) 的第一式, 其余留作练习.

设 $(u,w)\in(R\circ S)\circ T$, 则 $\exists v\in U$ 使得 $(u,v)\in(R\circ S)$ 且 $(v,w)\in T$. 由 $(u,v)\in(R\circ S)$ 知 $\exists t\in U$ 使得 $(u,t)\in R$ 且 $(t,v)\in S$. 因此 $\exists(u,t)\in R$ 且 $(t,w)\in(S\circ T)$, 即 $(u,w)\in R\circ(S\circ T)$, 从而 $(R\circ S)\circ T\subseteq R\circ(S\circ T)$; 类似可证 $(R\circ S)\circ T\supseteq R\circ(S\circ T)$, 故 (1) 成立.

设 $(u,w)\in R\circ\left(\bigcup_{t\in\mathrm{T}}R_t\right)$, 则 $\exists v\in U$ 使得 $(u,v)\in R$ 且 $(v,w)\in\bigcup_{t\in\mathrm{T}}R_t$, 因而 $\exists t_0\in\mathrm{T}$ 使得 $(v,w)\in R_{t_0}$, 即 $(u,w)\in R\circ R_{t_0}\subseteq\bigcup_{t\in\mathrm{T}}(R\circ R_t)$, 因此 $R\circ\left(\bigcup_{t\in\mathrm{T}}R_t\right)\subseteq\bigcup_{t\in\mathrm{T}}(R\circ R_t)$. 类似可证 $R\circ\left(\bigcup_{t\in\mathrm{T}}R_t\right)\supseteq\bigcup_{t\in\mathrm{T}}(R\circ R_t)$, 故 (3) 的第一式成立.

如果我们定义 $R^1=R, R^2=R\circ R, R^n=R^{n-1}\circ R$, 则就有 R 的幂的概念, 易证 $R^m\circ R^n=R^{m+n}$ 和 $(R^m)^n=R^{mn}$.

1.2 格论基本知识

本节给出格论的一些基本概念与性质, 更多介绍见文献 [13]—[16].

定义 1.2.1 对于集合 S 上的二元关系 $\prec$, 如果它满足

(1) 自反性: $\forall a\in S, a\prec a$;

(2) 反对称性: $\forall a,b\in S, a\prec b, b\prec a\Rightarrow a=b$;

(3) 传递性: $\forall a,b,c\in S, a\prec b, b\prec c\Rightarrow a\prec c$,

则称 $\prec$ 为偏序关系.

定义 1.2.2 如果 $\prec$ 是集合 S 上的偏序关系, 则称 $(S,\prec)$ 为偏序集.

例 1.2.1 容易验证 $(P(S),\subseteq)$ 是偏序集.

定义 1.2.3 设 $(S,\prec)$ 是偏序集, $X\subseteq S$, 如果存在 $a\in S$ 使得 $\forall x\in X$ 有 $a\prec x$ 成立, 则称 a 是 X 的一个下界; 对偶地, 如果存在 $b\in S$ 使得 $\forall x\in X$ 有 $x\prec b$ 成立, 则称 b 是 X 的一个上界. 如果 X 的所有下界组成的集合中有最大元素, 则称这个元素为 X 的下确界, 记为 $\inf X$ 或 $\bigwedge X$; 对偶地, 如果 X 的所有上界组成的集合中有最小元素, 则称这个元素为 X 的上确界, 记为 $\sup X$ 或 $\bigvee X$.

例 1.2.2 设 R 为实数集, 那么 $(R,\leqslant)$ 是偏序集. 令 $X=(2,3)$, 则容易验证 2 是 X 的下确界, 3 是 X 的上确界.

定义 1.2.4 设 $(S,\prec)$ 是偏序集, 对于 $a,b\in S$, 如果 $a\prec b$ 且不存在 $c\in S$ 使得 $a\prec c\prec b$ 成立, 则称 a 是 b 的下近邻, 或 b 是 a 的上近邻, 记为 $a<b$.

例 1.2.3 设 N 为自然数集, 那么 $(N,\leqslant)$ 是偏序集, 且容易验证 2 是 3 的下近邻, 3 是 2 的上近邻, 即 $2<3$.

每个有限的偏序集 $(S, \prec)$ 均可用 Hasse 图来表示. 在平面上利用小圆圈表示 S 的元素, 如果 $a, b \in S$ 且 $a < b$, 那么表示 b 的圆圈位于表示 a 的圆圈的上方, 且这两个圆圈通过线段连接起来.

例 1.2.4　图 1.2.1 给出了包含四个元素的偏序集的所有可能的 Hasse 图.

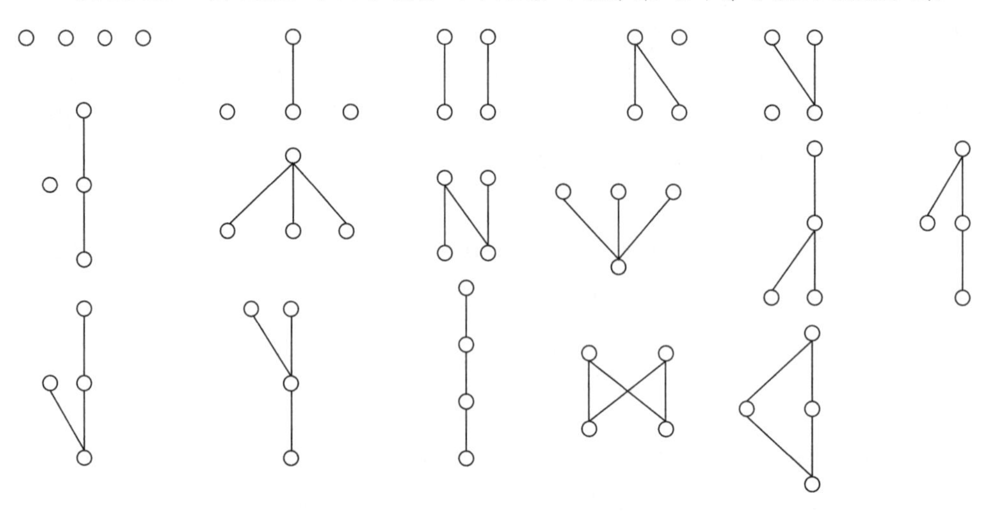

图 1.2.1　包含四个元素的偏序集的所有可能的 Hasse 图

注意, 在不改变元素序关系的情况下, Hasse 图中的圆圈允许侧位移动且线段可以自由伸缩. 比如, 图 1.2.2 的每组 Hasse 图中的两个偏序集均是等价的.

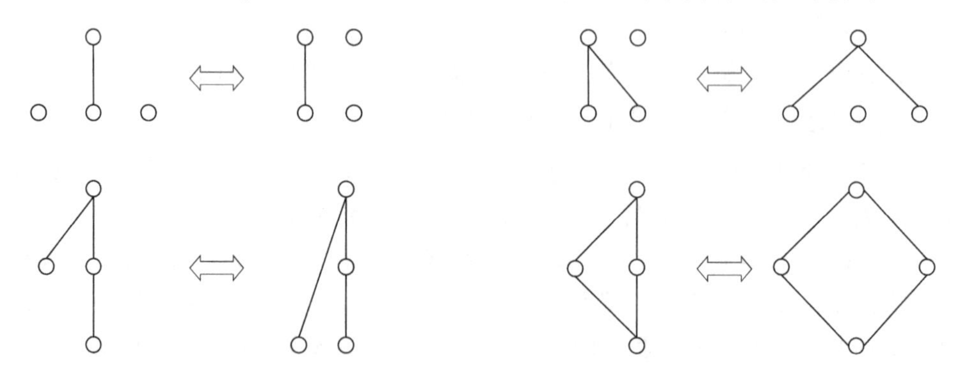

图 1.2.2　四组等价的 Hasse 图

因此, 在不改变元素序关系的情况下, 可以采取适当的圆圈侧位移动或线段自由伸缩, 使得 Hasse 图显示美观.

定义 1.2.5　设 $(S, \prec)$ 是偏序集, 对于 $a, b \in S$, 如果 $a \prec b$ 或 $b \prec a$ 成立, 则称 a 与 b 是可比的; 否则称它们是不可比的. 如果 $(S, \prec)$ 的一个子集中的任意两个元素都是可比的, 则称该子集为链. 反之, 如果 $(S, \prec)$ 的一个子集中的任意两个元素都不可比, 则称该子集为反链. 链 (反链) 中元素的个数称为链 (反链) 的大小, 有限偏序集 $(S,\prec)$ 的长度定义为 $(S,\prec)$ 中最大链的大小减 1, 有限偏序集 $(S,\prec)$ 的宽度定义为 $(S,\prec)$ 中最大反链的大小.

例 1.2.5 图 1.2.1 中第一层第 1 个 Hasse 图是反链, 第三层第 3 个 Hasse 图是链, 它们的大小均为 4, 前者的长度为 0, 后者的长度为 3.

定义 1.2.6 对于两个偏序集 $(S,\prec_S)$ 与 $(T,\prec_T)$, 定义它们的直积为偏序集 $(S\times T,\prec)$, 其中偏序关系 $\prec$ 约定如下：

$$(a,s)\prec(b,t)\Leftrightarrow a\prec_S b \text{ 且 } s\prec_T t.$$

定义 1.2.7 设 $(S,\prec)$ 是偏序集, 对于 $\forall a,b\in S$, 如果 $\{a,b\}$ 有上确界和下确界, 则称 $(S,\prec)$ 为格.

例 1.2.6 容易验证偏序集 $(P(S),\subseteq)$ 是一个格.

定义 1.2.8 设 $(S,\prec)$ 是偏序集, 如果 S 的任一子集有上确界和下确界, 则称 $(S,\prec)$ 是完备格.

需要指出的是, 一个有限格必是完备的. 通常把有限格的最大元称为单位元, 最小元称为零元.

定义 1.2.9 设 $(S,\prec_S)$ 与 $(T,\prec_T)$ 是两个完备格. 若对于 $\forall a,b\in S$, 存在双射 $\varphi:S\to T$ 使得 $\varphi(a\bigvee b)=\varphi(a)\bigvee\varphi(b)$ 且 $\varphi(a\bigwedge b)=\varphi(a)\bigwedge\varphi(b)$, 则称 S 与 T 同构.

定义 1.2.10 设 $(S,\prec)$ 是完备格, 对 $\forall b\in S$, 记 b 的所有下界 (不包含 b) 组成的集合的上确界为 $b_*=\bigvee\{a\in S:a\prec b,\ a\neq b\}$; 对偶地, 记 b 的所有上界 (不包含 b) 组成的集合的下确界为 $b^*=\bigwedge\{a\in S:b\prec a,\ a\neq b\}$. 如果 $b\neq b_*$, 则称 b 是上确界不可约的; 如果 $b\neq b^*$, 则称 b 是下确界不可约的.

一般来说, 不能通过上确界运算得到的元素就是上确界不可约的; 对偶地, 不能通过下确界运算得到的元素就是下确界不可约的.

例 1.2.7 图 1.2.3 给出了一个完备格. 容易看出, 节点 2 和节点 3 既是上确界不可约的, 又是下确界不可约的; 然而, 节点 1 和节点 4 既是上确界可约的, 又是下确界可约的.

定义 1.2.11 设 $P(S)$ 为 S 的幂集, 若映射 $\rho:P(S)\to P(S)$ 满足

(1) 保序性：$X\subseteq Y\Rightarrow\rho(X)\subseteq\rho(Y)$;

(2) 增值性：$X\subseteq\rho(X)$;

(3) 幂等性：$\rho(\rho(X))=\rho(X)$,

则称 ρ 是 S 上的闭包算子.

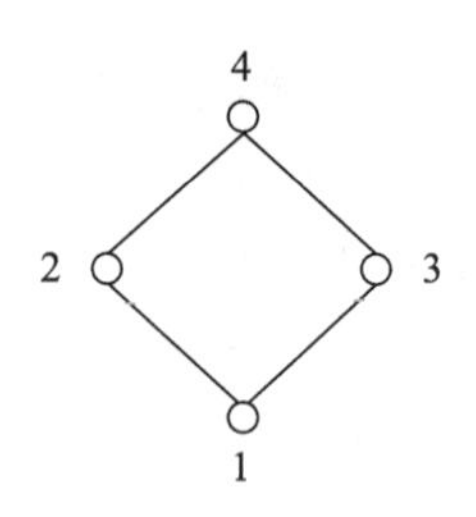

图 1.2.3　完备格的 Hasse 图

定义 1.2.12　对于两个偏序集 $(S, \prec_S)$ 与 $(T, \prec_T)$ 之间的映射 $\varphi: S \to T$, 如果对 $\forall a, b \in S$, 有 $a \prec_S b \Rightarrow \varphi(a) \prec_T \varphi(b)$, 则称 φ 为保序映射; 类似地, 如果对 $\forall a, b \in S$, 有 $a \prec_S b \Rightarrow \varphi(b) \prec_T \varphi(a)$, 则称 φ 为反序映射.

保序映射和反序映射是格论中的两个重要概念, 下文中它们将被反复提及.

定义 1.2.13　对于两个偏序集 $(S, \prec_S)$ 与 $(T, \prec_T)$ 之间的保序映射 $\varphi: S \to T$, 如果对 $\forall a, b \in S$, 有 $\varphi(a) \prec_T \varphi(b) \Rightarrow a \prec_S b$, 则称 φ 为序嵌入映射. 一个双射的序嵌入称为序同构映射.

例 1.2.8　图 1.2.4 给出了一个双射 $\varphi: S \to T$, 其中 $S = \{a, b, c, d\}$, $T = \{1, 2, 3, 4\}$, 容易验证它是序同构映射.

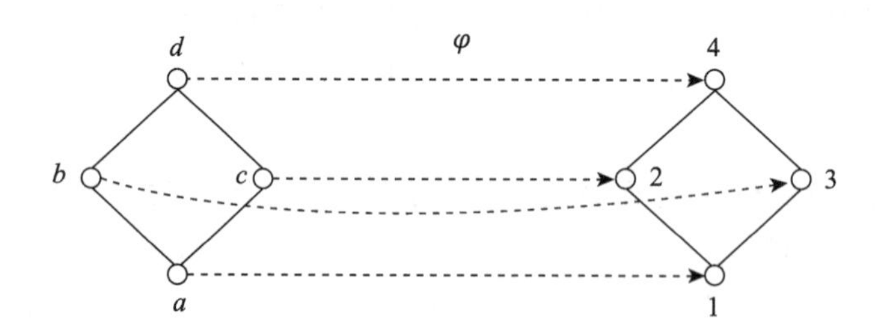

图 1.2.4　序同构映射

定义 1.2.14　设 $\varphi: S \to T$, $\phi: T \to S$ 为偏序集 $(S, \prec_S)$ 与 $(T, \prec_T)$ 之间的两个反序映射, 如果它们的复合映射 $\phi\varphi$ 和 $\varphi\phi$ 均保序: $a \prec_S \phi\varphi(a)$ 且 $x \prec_T \varphi\phi(x)$, 则称序对 (φ, ϕ) 是 S 和 T 之间的一个反序伽罗瓦 (Galois) 连接.

例 1.2.9　图 1.2.5 给出了一对映射 $\varphi: S \to T$, $\phi: T \to S$, 其中 $S = \{a, b, c, d\}$, $T = \{1, 2, 3, 4, 5\}$. 容易验证 (φ, ϕ) 是反序伽罗瓦连接.

定义 1.2.15　设 $\varphi: S \to T$, $\phi: T \to S$ 为偏序集 $(S, \prec_S)$ 与 $(T, \prec_T)$ 之间的两个保序映射, 如果它们的复合映射 $\phi\varphi$ 和 $\varphi\phi$ 一个保序、另一个反序: $\phi\varphi(a) \prec_S a$ 且 $x \prec_T \varphi\phi(x)$ 或 $a \prec_S \phi\varphi(a)$ 且 $\varphi\phi(x) \prec_T x$, 则称序对 (φ, ϕ) 是 S 和 T 之间的一个保序伽罗瓦连接.

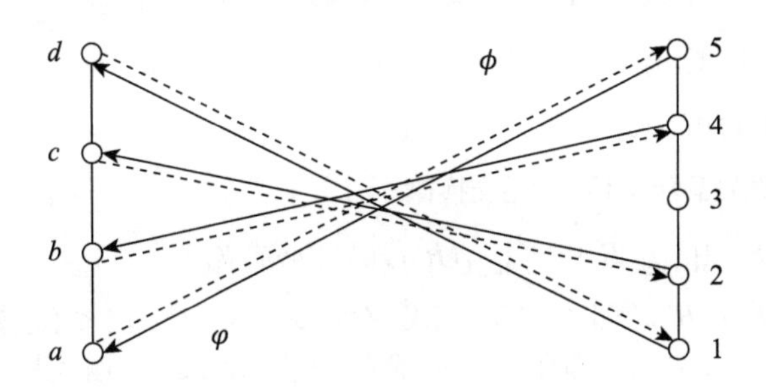

图 1.2.5　反序伽罗瓦连接

例 1.2.10　图 1.2.6 给出了一对映射 $\varphi: S \to T$, $\phi: T \to S$, 其中 $S = \{a,b,c,d,e\}$, $T = \{1,2,3,4,5\}$. 容易验证 (φ,ϕ) 是保序伽罗瓦连接.

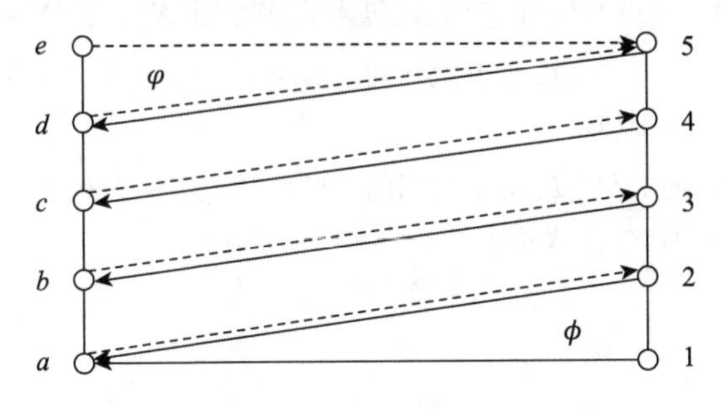

图 1.2.6　保序伽罗瓦连接

例 1.2.11　图 1.2.7 给出了一对映射 $\varphi: S \to T$, $\phi: T \to S$, 其中 $S = \{a,b,c,d,e\}$, $T = \{1,2,3,4,5\}$. 容易验证 (φ,ϕ) 也是保序伽罗瓦连接.

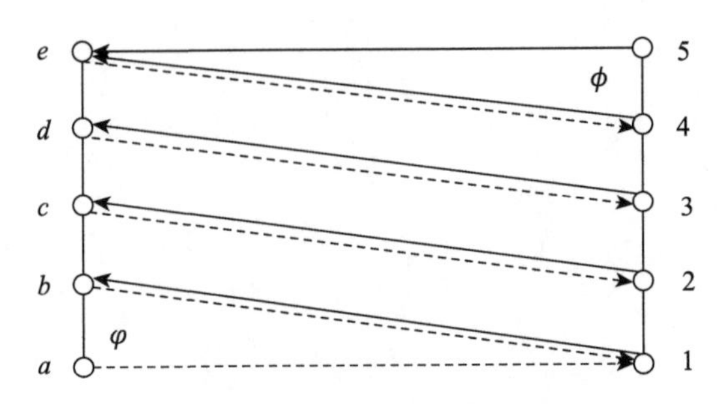

图 1.2.7　保序伽罗瓦连接

习　题　1

1. 自行查阅有关第三次数学危机的资料, 写一篇短文简短评论第三次数学危机对集合理论发展的影响.

2. 试利用集合的特征函数证明定理 1.1.1 中的各式.
3. 试证定理 1.1.5 中的 (5).
4. 试举反例说明关系合成不必满足交换律.
5. 试举例说明 $R \circ \left(\bigcap_{t\in \mathrm{T}} R_t\right) = \bigcap_{t\in \mathrm{T}}(R \circ R_t)$ 不必成立.
6. 对于 n 维实数集 R^n, 其上的二元关系定义为 $(x_1, x_2, \cdots, x_n) \leqslant (y_1, y_2, \cdots, y_n)$ 当且仅当对所有 $i = 1, 2, \cdots, n$ 都有 $x_i \leqslant y_i$ 成立, 证明 $(R^n, \leqslant)$ 是偏序集.
7. 给出判断偏序集 $(S, \prec)$ 是一个格的伪代码, 并分析算法的时间复杂度.
8. 请在完备格中解释空集的上确界为零元, 空集的下确界为单位元.
9. 证明一个有限格必是完备的.
10. 证明 $\rho : (P(S), \subseteq) \to (P(S), \subseteq)$ 是闭包算子, 其中 $\rho(X) = \bigcap\{Y \in P(S) : X \subseteq Y\}$.
11. 证明偏序集 $(S, \prec_S)$ 与 $(T, \prec_T)$ 之间的一对映射 (φ, ϕ) 为反序伽罗瓦连接当且仅当 $a \prec_S \phi(b) \Leftrightarrow b \prec_T \varphi(a)$.
12. 证明偏序集 $(S, \prec_S)$ 与 $(T, \prec_T)$ 之间的一对映射 (φ, ϕ) 为保序伽罗瓦连接当且仅当 $a \prec_S \phi(b) \Leftrightarrow \varphi(a) \prec_T b$ 或 $\phi(b) \prec_S a \Leftrightarrow b \prec_T \varphi(a)$.

第 2 章　模糊集合的基本理论

2.1　模糊性和模糊集合

在第 1 章我们提到集合最重要的性质就是其满足排中律，即相对于一个集合来说一个元素要么属于这个集合，要么不属于这个集合，二者有且只有其一成立. 这就决定了集合可以用来描述自然界和人类社会中那些 "非此即彼" 的现象，称之为确定性现象. 以集合为基本工具的各数学分支为人类深刻认识这些确定性的现象提供了理论和方法. 然而在现实生活中存在着大量的 "亦此亦彼" 的现象，很多对象类属的划分没有明确的边界，即不能确定地说一个对象属于或者不属于某一类. 如果执着于对这些对象进行明确分类就会导致逻辑悖论的出现. 先来看一个著名的悖论，称之为 "秃头悖论".

秃头是日常生活中的一个常见现象，在日常生活中某人是否秃头，不论成人还是儿童都能轻而易举地给出恰当的判断. 一个人是否是秃头其唯一的判据就是其头发的多少. 尽管任何一个人的头发根数是有限的，但是我们绝对不是去查一下某人头发数量然后做出判断其是不是秃头. 也就是说判断一个人是否是秃头不是根据其头发的根数来设定一个阈值，根数低于这个阈值就是秃头，超过这个阈值就不是秃头，即不是用前述的集合的方法来判断秃头的归属问题. 如果执着于这样做，我们来看看会发生什么事情.

首先我们都会同意以下两条常识性公设:

(1) 存在秃头和非秃头的人;

(2) 如果有 n 根头发的人是秃头，则有 $n+1$ 根头发的人也是秃头.

从这两个公设出发我们采用数学归纳法就会导出所有的人都是秃头这一悖论，俗称 "秃头悖论". 事实上: ① $n=0$ 的人显然是秃头; ② 如果有 n 根头发的人是秃头，则有 $n+1$ 根头发的人也是秃头. 由于人的头发根数是有限的，于是根据数学归纳法的原理知道对任意的自然数 n，有 n 根头发的人都是秃头.

随着头发的根数逐渐增加，一个人是否是秃头产生了质的变化，也就是说量变引起了质变，在头发根数加 1 和减 1 的微小量变之中已经蕴涵着质的差别，并且这种质变是逐渐发生的，而不是突变，仅仅用属于和不属于是不能刻画这种微小的质变的. 类似的悖论还有很多，读者可以尝试举出几个这样的例子来.

所有这些悖论都具有一个基本的共同点，那就是不能用 "是" 和 "不是" 来简单地判定一个对象的归属. 因而与那些能够明确判断属于和不属于的确定性现象相对而言, 我们把这些不能用 “是” 和 “不是” 来简单地主观判定一个对象归属的现象所蕴涵的不确定性称为模糊性, 那些具有模糊性的概念称为模糊概念. 对于一个模糊概念来说, 其内涵的不清晰导致了其外延的不确定. 也就是说根据一个模糊概念的内涵不能确定一个对象相对于这个模糊概念的明确归属, 因而也就不能明确定义其是否属于这个概念的外延. 此类模糊概念在我们的日常生活中随处可见, 比如 “高个子” “大胡子” “年轻人” 等.

读者也许会发现, 模糊概念是通过人类语言中具体的词来表示的, 这个现象揭示了模糊性起源于人类的思维和对客观世界认识的表达. 事实上, 语言中的模糊性很久之前就引起了人们的关注. 康德曾经说过 “知识性在模糊不清的情况下起的作用最大, 模糊观念要比清晰观念更富有表现力”. 罗素 1923 年在其著名论文《论模糊性》中指出: “整个语言或多或少是模糊的.” 他特别强调: “当运用于精确符号时, 排中律是有效的, 但是当符号是模糊的时候, 排中律就无效了.” 由于当时科学发展水平的限制, 这些思想没有引起应有的重视.

到了 20 世纪 60 年代, 美国的控制论专家 L. A. Zadeh 开始使用数学方法来研究模糊性. Zadeh 重新考察了集合论, 探讨数学与人脑思维究竟从何处分离? 他发现集合论实质上是扬弃了模糊性而抽象出来的, 是把思维过程绝对化, 从而达到了精确严密的目的. 他决定重新将模糊性和数学结合在一起. 这并不是放弃数学的严格性去迁就模糊性, 而是利用数学的方法去定量化研究模糊性, 从而为数学的应用打开了一片全新的天地.

在 Zadeh 提出定量化研究模糊性之前, 人们普遍认为不确定性就是随机性, 甚至在 Zadeh 提出模糊集之后, 很多人依然认为模糊性是随机性的一个特例而已. 事实上两者是完全不同的不确定性. 随机性是由因果律的破坏造成的预言上的不确定性, 也就是说条件的不充分导致结论的不确定; 而模糊性是由排中律的破缺造成识别上的不确定性. 随机试验可以客观地进行, 而模糊性的界定与人的主观心理因素联系在一起.

由于模糊概念不具有明确的边界, 即一个对象对一个模糊概念往往不能明确判断其归类, 因而集合的概念已经不能表示模糊概念的外延. 为了利用数学方法来定量地描述模糊概念, Zadeh 引入了如下的模糊集合的概念.

定义 2.1.1 设 U 是论域, $A: U \to [0,1]$, 则称 A 是 U 上的一个模糊集合, $A(x)$ 称为模糊集合 A 的隶属函数. 对 $\forall x \in U, A(x)$ 表示 x 隶属于模糊集合 A 的程度, 简称为隶属度. U 上全体模糊集合的类称为 U 的模糊幂集, 用 $F(U)$ 表示, $A \in F(U)$ 意指 A 是 U 上的一个模糊集合.

在 1.1 节中, 我们提到了在给定的数据集上利用集合来表示概念就相当于对数据集进行了粒化, 同样地, 在给定的数据集上定义模糊集合以刻画模糊概念, 事实上, 也就等价于对数据进行模糊粒化, 这也是 Zadeh 提出模糊集合的初衷.

要想准确理解以上模糊集合的定义, 要注意以下几点: ① 模糊集合是用来描述模糊概念的, 模糊概念没有明确的边界, 因而借用隶属度来刻画一个对象对这个概念的属于程度; ② 当把模糊概念抛弃其内涵而只考虑其外延 (就像对确定性概念做的那样, 不考虑其内涵从而把一个概念抽象成一个集合) 时, 就得到了一个函数形式的模糊集合; ③ 把一个函数称为一个集合, 这一点似乎与习惯不一致. 事实上, 前面说过经典集合就可以看成一个函数. 从数学角度来看, 模糊集合的隶属函数把经典集合的特征函数的取值从 $\{0,1\}$ 推广到 $[0,1]$, 因而经典集合可以看成特殊的模糊集合, 即 $P(U) \subseteq F(U)$, 因此把一个函数称为一个集合与习惯用法本质上并无歧义.

以下关于模糊集合的隶属函数做两点说明. 第一, 论域中的每一个对象相对于一个模糊集合都有一个隶属度, 这个隶属度的本质就是一个相似程度的量化. 比如, 如果我们认为一根头发都没有的人是标准的秃头, 一个对象属于 "秃头" 这个模糊集合的隶属度为 0.7, 那么就可以理解为这个对象跟标准的秃头相像的程度为 0.7. 第二, 由于个体认识的差异, 不同的人对同一个问题的认识可能是不一样的, 因此隶属度的确定不是唯一的. 比如针对 "高个子" 这个模糊集合, 一个身高为 1.5 米的人可能看一个身高为 1.8 米的人属于高个子的程度为 0.8, 但是一个身高为 1.9 米的人看同一个人属于高个子的程度可能就是 0.6. 在模糊集合最开始提出时, 模糊集合隶属度不唯一的这一特性曾经遭到过很多人的诟病. 现在看来, 隶属度的这个特性恰恰是它的优势, 这使得模糊集合能够反应个体差异导致的对同一个问题多样化的认识. 尽管隶属度不是唯一的, 但是一般来说应该遵守某种对客观事物认识的合理性和常识性. 比如, 一般不能把很相似的看成不相似的; 1.8 米的人属于高个子的程度不应该很低, 也不应该小于 1.5 米的人属于高个子的程度.

通常定义一个模糊集合应该具备三个要素: 确定的论域、模糊概念及其隶属函数, 在实际问题中三者缺一不可. 此外, 一个很显然但是非常容易被初学者忽视的问题是模糊集合的隶属函数取值最大不超过 1 最小不小于 0, 这一点跟概率取值一样! 在抽象数学问题的研究中往往像定义 2.1.1 中那样用一个大写的英文字母 A, B, C 等来表示一个模糊集合, 用 $A(x), B(x), C(x)$ 表示相应的隶属函数.

下面来看一些例子.

例 2.1.1 设论域 $U=[0,100]$ 为年龄的集合, 集合 A 和 B 分别表示 "年老" 和 "年轻". Zadeh 给出它们的隶属函数分别为

$$A(u)=\begin{cases}0, & 0\leqslant u\leqslant 50,\\ \left[1+\left(\dfrac{u-50}{5}\right)^{-2}\right]^{-1}, & 50<u\leqslant 100,\end{cases}$$

$$B(u)=\begin{cases}1, & 0\leqslant u\leqslant 25,\\ \left[1+\left(\dfrac{u-25}{5}\right)^{2}\right]^{-1}, & 25<u\leqslant 100,\end{cases}$$

以图 2.1.1 中集合 A 为例来说明其隶属函数. 当一个人年龄在 50 岁以下时, 当然不能算成 "年老", 因此当 u 取值在 50 岁以下时, $A(u)=0$; 当一个人过了 50 岁的时候, 会逐渐有变老的感觉, 因而当 u 取值超过 50 岁并逐渐增大时, 对于 "年老" 的隶属度也越来越大, 如 $A(70)=0.94$, 说明年龄为 70 岁时属于年老的隶属程度已达 94%.

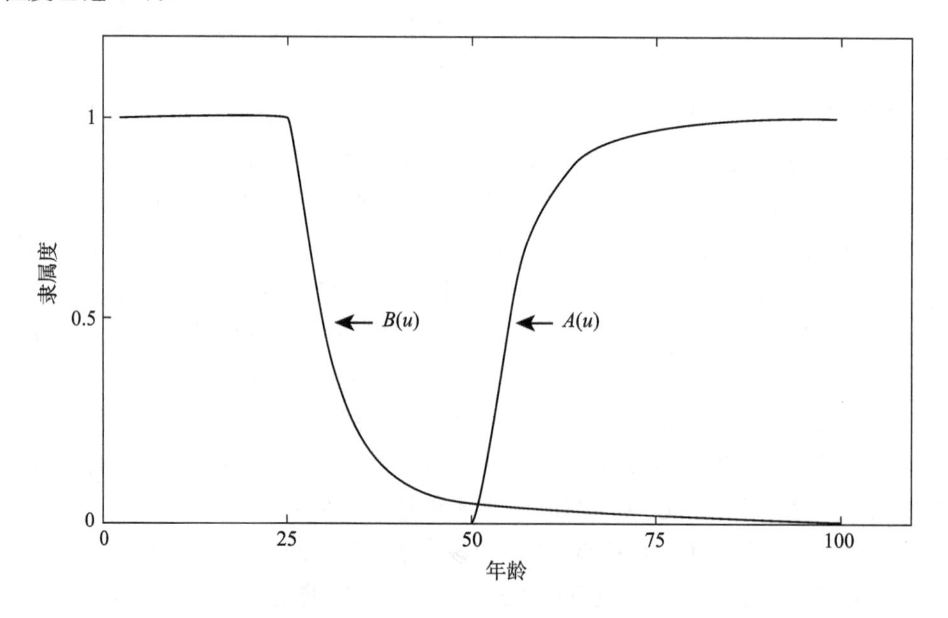

图 2.1.1　"年老" 和 "年轻" 的隶属函数

我们前面说过当模糊集合的隶属函数只取值为 0 和 1 两个数的时候, 隶属函数就退化为经典集合的特征函数, 因而此时模糊集合就退化为经典的集合. 如果 $A(u)\equiv 0$, 则 A 为空集 $\varnothing$; 如果 $A(u)\equiv 1$, 则 A 为全集 U. 一般地, 把空集 $\varnothing$ 和全集 U 也看成特殊的模糊集合.

一般情况下模糊集合 A 可以表示为 $A=\{(u,A(u)):u\in U\}$. 如果论域 U 是有限集合或可数集合, 那么 A 可以表示为 $A=\sum A(u_i)/u_i$ 或 $A=$

$\{A(u_1), A(u_2), \cdots\}$. 如果论域 U 是不可数集合, 那么 A 可以表示为 $A = \int A(u)/u$. 这里符号 "/" 不是通常的分数线, 只是一种记号, 表示论域 U 上的元素 u 与隶属度 $A(u)$ 之间的对应关系. 同样地, 符号 "$\sum$" 和 "$\int$" 也不是通常意义下的求和及积分, 都只是用来表示 U 上的元素 u 与隶属度 $A(u)$ 之间的对应关系.

例 2.1.2 设论域 $U = \{1,2,3,4,5,6\}$, A 表示 "靠近 4 的数", 则 A 可以用不同的方式表示为

(1) $A = \{(1,0), (2,0.2), (3,0.8), (4,1), (5,0.8), (6,0.2)\}$;

(2) $A = \frac{0}{1} + \frac{0.2}{2} + \frac{0.8}{3} + \frac{1}{4} + \frac{0.8}{5} + \frac{0.2}{6} = \frac{0.2}{2} + \frac{0.8}{3} + \frac{1}{4} + \frac{0.8}{5} + \frac{0.2}{6}$;

(3) $A = \{0, 0.2, 0.8, 1, 0.8, 0.2\}$.

需要注意的是, 表达式 (2) 的第二式中省略了隶属度为 0 的项, 表达式 (3) 中隶属度为 0 的项不能省略, 顺序也不能随意调换.

在某些情况下所涉及的模糊集合往往具有解析表达式, 因此解析函数表示法也是一种主要的表示模糊集合的方法. 看下面的例子.

例 2.1.3 设论域为实数域 R, A 表示 "靠近 4 的数集", 其隶属函数定义为

$$A(x) = \begin{cases} e^{-k(x-4)^2}, & |x-4| < \delta, \\ 0, & |x-4| \geqslant \delta, \end{cases}$$

这里参数 $\delta > 0, k > 0$.

例 2.1.4 设论域为实数域 R, A 表示 "比 4 大得多的数集", 其隶属函数定义为

$$A(x) = \begin{cases} 0, & x \leqslant 4, \\ \dfrac{1}{1 + \dfrac{100}{(x-4)^2}}, & x > 4. \end{cases}$$

例 2.1.5 三角模糊集、梯形模糊集 (图 2.1.2) 的解析式留作作业.

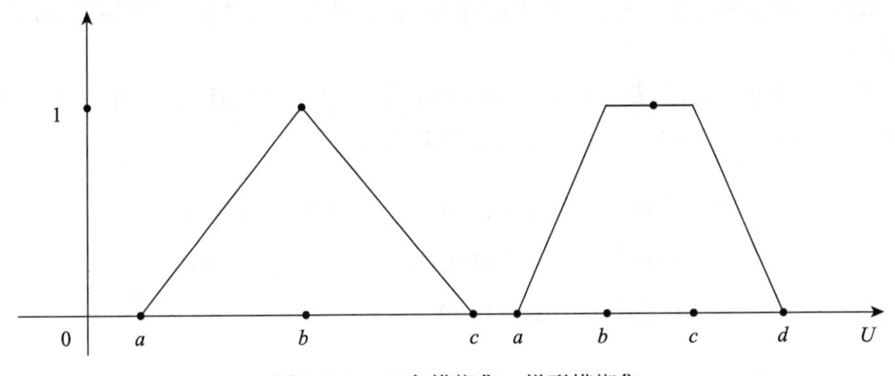

图 2.1.2 三角模糊集、梯形模糊集

例 2.1.6　设论域 $U=[0,1]$, 以 $x_0\in[0,1]$ 代表直线 $x=x_0$ 被坐标横轴和直线 $y=1-x$ 所截得的线段, A 表示 "长线段", 则 A 的隶属函数可以定义为 $A(x)=1-x^k$, 其中 k 是自然数, 取值可视具体情况而定, 这也说明隶属函数的定义不是唯一的, 只要合理就可以.

定义 2.1.2　设 U 是论域. 对 $\forall x\in U,\lambda\in(0,1]$, 定义 $x_\lambda(y)=\begin{cases}\lambda, & y=x,\\ 0, & y\neq x,\end{cases}$ 则有 $x_\lambda\in F(U)$, 称 x_λ 为高度是 λ 的模糊点, 称点 x 为模糊点 x_λ 的承点.

如果 $\lambda=1$, 则 x_1 是单点集 $\{x\}$ 的特征函数, 从隶属函数是特征函数的推广的角度来看, 模糊点的概念是经典集合里面单点的推广. 在第 5 章, 模糊点的概念将要起着关键作用.

2.2　模糊集合的运算

作为经典集合的自然推广, 模糊集合也有各种运算. 本节介绍模糊集合的一些基本运算及其性质, 并分析其与经典集合运算的联系和区别, 从而更好地理解模糊集合的思想.

定义 2.2.1　设 $A,B\in F(U)$, 若对 $\forall u\in U$, 有 $B(u)\leqslant A(u)$, 则称 A 包含 B, 记作 $B\subseteq A$; 若存在 $u_0\in U$ 使得 $B(u_0)<A(u_0)$, 则称 A 真包含 B, 记作 $B\subset A$. 如果同时有 $B\subseteq A$ 和 $A\subseteq B$, 则称 A 与 B 相等, 记作 $B=A$.

如果 $B\subseteq A$, 则称 B 是 A 的子集. 这里模糊集合包含和相等的概念是用隶属函数来定义的, 似乎与经典集合里面的定义不一致. 事实上, 如果把经典集合用其特征函数来替代, 则经典集合的包含和相等的概念与定义 2.2.1 完全吻合, 也就是说如果在定义 2.2.1 中把隶属函数替换为特征函数, 就可以得到经典集合的包含和相等的特征函数版的定义. 这种把模糊集合等同于其隶属函数的思想贯穿于整个模糊数学的发展, 这一点请大家牢记在心. 下面用这个思想定义模糊集合的基本运算.

定义 2.2.2　设 $A,B\in F(U)$, 分别称运算 $A\bigcup B, A\bigcap B$ 为 A 与 B 的并集、交集, A^{C} 称为 A 的补集, 其隶属函数分别定义为

$$
\begin{aligned}
(A\bigcup B)(u)&=A(u)\bigvee B(u)=\max\{A(u),B(u)\},\\
(A\bigcap B)(u)&=A(u)\bigwedge B(u)=\min\{A(u),B(u)\},\\
A^{\mathrm{C}}(u)&=1-A(u),\quad \forall u\in U.
\end{aligned}
$$

显然, 模糊集合的并、交和补的运算是经典集合的并、交和补的运算特征函

数定义形式的自然推广, 读者可以自行比较一下. 一般地, 利用 2.1 节介绍的模糊集合的表示方法, 模糊集合的并、交和补的运算可以表示如下:

(1) 设论域 $U=\{u_1,u_2,\cdots,u_n\}$,

$$A=\sum_{k=1}^{n}\frac{A\left(u_k\right)}{u_k},\quad B=\sum_{k=1}^{n}\frac{B\left(u_k\right)}{u_k},$$

则

$$A\bigcup B=\sum_{k=1}^{n}\frac{A\left(u_k\right)\bigvee B\left(u_k\right)}{u_k},$$

$$A\bigcap B=\sum_{k=1}^{n}\frac{A(u_k)\bigwedge B(u_k)}{u_k},$$

$$A^{\mathrm{C}}=\sum_{k=1}^{n}\frac{1-A(u_k)}{u_k}.$$

(2) 设论域 U 是无限集合,

$$A=\int_{u\in U}\frac{A(u)}{u},\quad B=\int_{u\in U}\frac{B(u)}{u},$$

则

$$A\bigcup B=\int_{u\in U}\frac{A(u)\bigvee B(u)}{u},$$

$$A\bigcap B=\int_{u\in U}\frac{A(u)\bigwedge B(u)}{u},$$

$$A^{\mathrm{C}}=\int_{u\in U}\frac{1-A(u)}{u}.$$

我们看以下例子.

例 2.2.1 设 $U=\{u_1,u_2,u_3,u_4,u_5\}$,

$$A=\frac{0.2}{u_1}+\frac{0.7}{u_2}+\frac{1}{u_3}+\frac{0.5}{u_5},\quad B=\frac{0.5}{u_1}+\frac{0.3}{u_2}+\frac{0.1}{u_4}+\frac{0.7}{u_5},$$

则有

$$\begin{aligned}A\bigcup B=&\frac{0.2\bigvee 0.5}{u_1}+\frac{0.7\bigvee 0.3}{u_2}+\frac{1\bigvee 0}{u_3}+\frac{0\bigvee 0.1}{u_4}+\frac{0.5\bigvee 0.7}{u_5}\\=&\frac{0.5}{u_1}+\frac{0.7}{u_2}+\frac{1}{u_3}+\frac{0.1}{u_4}+\frac{0.7}{u_5},\end{aligned}$$

$$
\begin{aligned}
A\bigcap B =&\frac{0.2\bigwedge 0.5}{u_1}+\frac{0.7\bigwedge 0.3}{u_2}+\frac{1\bigwedge 0}{u_3}+\frac{0\bigwedge 0.1}{u_4}+\frac{0.5\bigwedge 0.7}{u_5}\\
=&\frac{0.2}{u_1}+\frac{0.3}{u_2}+\frac{0.5}{u_5},\\
A^{\mathrm{C}} =&\frac{1-0.2}{u_1}+\frac{1-0.7}{u_2}+\frac{1-1}{u_3}+\frac{1-0}{u_4}+\frac{1-0.5}{u_5}\\
=&\frac{0.8}{u_1}+\frac{0.3}{u_2}+\frac{1}{u_4}+\frac{0.5}{u_5}.
\end{aligned}
$$

以上计算很简单, 只需注意不要忽视隶属度为 0 的情况即可.

例 2.2.2 模糊集 A 与 B 的定义同例 2.1.1, 令 u^* 是曲线 $A(u)$ 与 $B(u)$ 的交点, 则有

$$
\begin{aligned}
A\bigcup B &= \int_{u\in U}\frac{A(u)\bigvee B(u)}{u}\\
&=\int_{0\leqslant u\leqslant 25}\frac{1}{u}+\int_{25<u\leqslant u^*}\frac{\left[1+\left(\dfrac{u-25}{5}\right)^{2}\right]^{-1}}{u}+\int_{u^*<u\leqslant 100}\frac{\left[1+\left(\dfrac{u-50}{5}\right)^{-2}\right]^{-1}}{u},\\
A\bigcap B &= \int_{u\in U}\frac{A(u)\bigwedge B(u)}{u}\\
&=\int_{50<u\leqslant u^*}\frac{\left[1+\left(\dfrac{u-50}{5}\right)^{-2}\right]^{-1}}{u}+\int_{u^*<u\leqslant 100}\frac{\left[1+\left(\dfrac{u-25}{5}\right)^{2}\right]^{-1}}{u},\\
A^{\mathrm{C}} &= \int_{u\in U}\frac{1-A(u)}{u}\\
&=\int_{0\leqslant u\leqslant 50}\frac{1}{u}+\int_{50<u\leqslant 100}\frac{1-\left[1+\left(\dfrac{u-50}{5}\right)^{-2}\right]^{-1}}{u}.
\end{aligned}
$$

模糊集合的并、交和补的运算满足绝大多数经典集合的运算规律, 有如下定理.

定理 2.2.1 任意给定集合 $A,B,C\in F(U)$, 有

(1) $A\bigcap A=A, A\bigcup A=A$;(幂等律)

(2) $A\bigcap B=B\bigcap A, A\bigcup B=B\bigcup A$;(交换律)

(3) $A\bigcap(B\bigcap C)=(A\bigcap B)\bigcap C, A\bigcup(B\bigcup C)=(A\bigcup B)\bigcup C$;(结合律)

(4) $A\bigcap(A\bigcup B)=A\bigcup(A\bigcap B)=A$;(吸收律)

(5) $A\bigcap(B\bigcup C)=(A\bigcap B)\bigcup(A\bigcap C), A\bigcup(B\bigcap C)=(A\bigcup B)\bigcap(A\bigcup C)$; (分配律)

(6) $\left(A^{\mathrm{C}}\right)^{\mathrm{C}}=A$; (对合律)

(7) $(A\bigcap B)^{\mathrm{C}}=A^{\mathrm{C}}\bigcup B^{\mathrm{C}}, (A\bigcup B)^{\mathrm{C}}=A^{\mathrm{C}}\bigcap B^{\mathrm{C}}$. (对偶律)

证明 根据模糊集合相等的定义, 要想证明两个模糊集合相等只需要证明它们的隶属函数相等, 也就是只要证论域中任何一个元素对于两个模糊集合有相同的隶属函数值. 这一点跟证明两个经典集合相等是不一样的. 这里只证明 (2) 和 (7).

(2) 对 $\forall u\in U$, 有 $(A\bigcup B)(u)=A(u)\bigvee B(u)=B(u)\bigvee A(u)=(B\bigcup A)(u)$.

(7) 对 $\forall u\in U$, 有 $(A\bigcap B)^{\mathrm{C}}(u)=1-(A\bigcap B)(u)=1-A(u)\bigwedge B(u)=(1-A(u))\bigvee(1-B(u))=A^{\mathrm{C}}(u)\bigvee B^{\mathrm{C}}(u)=\left(A^{\mathrm{C}}\bigcup B^{\mathrm{C}}\right)(u)$.

模糊集合的并、交和补的运算不再满足互补律, 也就是说, $A\bigcap A^{\mathrm{C}}=\varnothing, A\bigcup A^{\mathrm{C}}=U$ 一般不再成立, 这是因为模糊集合没有明确的边界, 从而一个模糊集合和它的补集之间没有明确的划分.

例 2.2.3 设 $U=[0,1], A(u)=u$, 则

$$A^{\mathrm{C}}(u)=1-u,$$

$$\left(A\cup A^{\mathrm{C}}\right)(u)=\begin{cases}1-u, & u\leqslant\dfrac{1}{2},\\ u, & u>\dfrac{1}{2},\end{cases}$$

$$\left(A\cap A^{\mathrm{C}}\right)(u)=\begin{cases}u, & u\leqslant\dfrac{1}{2},\\ 1-u, & u>\dfrac{1}{2}.\end{cases}$$

定理 2.2.2 设 $A\in F(U)$, 则 $A\bigcap A^{\mathrm{C}}=\varnothing\left(A\bigcup A^{\mathrm{C}}=U\right)\Longleftrightarrow A\in P(U)$.

证明留作作业.

两个模糊集的并和交的运算还可以推广到任意多个模糊集上去.

定义 2.2.3 设 $A_t\in F(U), t\in\mathrm{T}$ 是任意的指标集, 分别定义集族 $\{A_t: t\in\mathrm{T}\}$ 的并集和交集为

$$\left(\bigcup_{t\in\mathrm{T}}A_t\right)(u)=\sup_{t\in\mathrm{T}}A_t(u),\quad\left(\bigcap_{t\in\mathrm{T}}A_t\right)(u)=\inf_{t\in\mathrm{T}}A_t(u).$$

这里任意多个模糊集合的并和交的定义显然也是经典集合相应定义的推广, 其满足以下的运算规律.

定理 2.2.3　设 $A_t \in F(U), t \in \mathrm{T}$ 是任意的指标集, 有如下等式成立:

(1) $A \bigcup \left(\bigcap_{t\in\mathrm{T}} A_t\right) = \bigcap_{t\in\mathrm{T}}(A \bigcup A_t), A \bigcap \left(\bigcup_{t\in\mathrm{T}} A_t\right) = \bigcup_{t\in\mathrm{T}}(A \bigcap A_t)$;

(2) $\left(\bigcup_{t\in\mathrm{T}} A_t\right)^{\mathrm{C}} = \bigcap_{t\in\mathrm{T}} A_t^{\mathrm{C}}, \left(\bigcap_{t\in\mathrm{T}} A_t\right)^{\mathrm{C}} = \bigcup_{t\in\mathrm{T}} A_t^{\mathrm{C}}$.

证明留作作业.

2.1 节引入了模糊点的概念, 我们可以利用它研究模糊集合的基本结构, 有如下定理.

定理 2.2.4　设 $A \in F(U), x \in U,\ \lambda, \mu \in (0,1]$, 则有

(1) 若 $\lambda \leqslant \mu$, 则有 $x_\lambda \subseteq x_\mu$ 且 $x_\mu = \bigcup_{\lambda<\mu} x_\lambda$;

(2) $x_{A(x)} \subseteq A, A = \bigcup_{x\in U} x_{A(x)}$.

证明　(1) 显然成立, 只证 (2). 对 $u \in U, x_{A(x)}(u) = \begin{cases} A(x), & u = x, \\ 0, & u \neq x \end{cases} \leqslant A(u)$, $\left(\bigcup_{x\in U} x_{A(x)}\right)(u) = \sup_{x\in U} x_{A(x)}(u) = u_{A(u)}(u) = A(u)$.

定理 2.2.4 的 (2) 告诉我们, 与经典集合一样任何一个模糊集都是被其包含的所有模糊点的并. 我们知道在经典集合论中一个点是构成集合的最小单位, 点是不可再分的. 但是对模糊集合来说情况发生了变化. 定理 2.2.4 的 (1) 告诉我们, 模糊点不再是最小的单位了, 对任何一个模糊点来说总是有无穷多个模糊点被其包含. 对经典集合来说一个点如果属于若干个集合的并集, 那么这些集合中一定存在一个集合使得这个点包含于该集合. 但是对无穷多个模糊集合的并集来说这个事实不必成立, 看下面的例子.

例 2.2.4　设论域 $U=[0,1], A_n(u)=\dfrac{n-1}{n}, n=1,2,\cdots$, 则 $\bigcup_{n=1}^{\infty} A_n(u) = 1$, 即 $\bigcup_{n=1}^{\infty} A_n = U$. 显然模糊点 $u_1 \subset U = \bigcup_{n=1}^{\infty} A_n$, 但是对 $\forall n,\ u_1 \subseteq A_n$ 都不再成立.

由于模糊点是特殊的模糊子集, 所以当 $x_\lambda \subseteq A$, 即 $A(x) \geqslant \lambda$ 时, 也称模糊点 x_λ 属于模糊集合 A, 记为 $x_\lambda \in A$. 显然模糊点与模糊集合的属于关系是经典集合论中的点与集合属于关系的推广. 在经典集合论中, 一个点属于一个集合等价于这个点不属于该集合的补集. 由于模糊集合不满足互补律, 因而这个命题对模糊集合不再成立. 自然就可以想到, 对模糊集合用一个模糊点不属于该模糊集合的补集来刻画模糊点与该模糊集合之间的关系, 于是就有了下面的定义.

定义 2.2.4　设 $A \in F(U), x \in U, \lambda \in [0,1]$, 若 $A(x) + \lambda > 1$, 则称模糊点 x_λ 重于模糊集合 A, 记为 $x_\lambda \widetilde{\in} A$.

公式 $A(x) + \lambda > 1$ 即 $\lambda > 1 - A(x) = A^{\mathrm{C}}(x)$, 也就是等价于 x_λ 不属于模糊集合 A 的补集.

定理 2.2.5 设 $A_t \in F(U), t \in \mathrm{T}$ 是任意的指标集, 则 $x_\lambda \widetilde{\in} \bigcup_{t\in\mathrm{T}} A_t$ 当且仅当存在 $t_0 \in \mathrm{T}$ 使得 $x_\lambda \widetilde{\in} A_{t_0}$.

证明留作习题.

模糊点与模糊集合的重于关系是由我国数学工作者引入的, 在模糊拓扑学的研究中起到了关键的作用. 有兴趣的读者可以查阅相应的文献.

以上我们指出了模糊集合与经典集合在运算和结构方面的一些不同之处, 这些区别在今后的学习过程中会经常遇到, 希望大家在学习中去认真体会.

2.3 模糊集合的水平截集和分解定理

从本节开始研究模糊集合的结构. 我们要研究的问题主要包括两个方面: ① 如何从模糊集合得到与其结构密切相关的经典集合及这些经典集合的核心性质; ② 如何从给定的经典集合来构造模糊集合. 首先从第一个问题入手.

定义 2.3.1 设 $A \in F(U), \lambda \in [0,1]$, 记 $A_\lambda = \{x \in U : A(x) \geqslant \lambda\}$, $A_{\underline{\lambda}} = \{x \in U : A(x) > \lambda\}$, A_λ 和 $A_{\underline{\lambda}}$ 分别称为 A 的 λ-水平截集和 λ-水平强截集, λ 称为阈值或者置信水平.

需要注意的是, A 是模糊集合, 但是其水平截集和水平强截集是经典的集合, 这是因为一个对象的隶属函数值是否大于或等于 λ 这个事实本身是清楚无歧义的. 显然有 $A_{\underline{\lambda}} \subseteq A_\lambda$.

在日常生活中我们总会遇到这样的评价问题, 比如, 单位对一些员工的评估, 如果没有涉及涨工资或淘汰机制, 那么总是用一些模糊概念如 "优秀" "不错" 和 "还行" 等定性员工的表现. 但是一旦涉及淘汰机制, 就不得不引入量化机制. 再如, 篮球队根据身高选拔队员, 我们知道总是需要选择 "大个子", 如果需要确定具体的人选, 往往还是要制定一个具体的标准. 此类问题都涉及如何把模糊集合转化为经典集合的问题. 看下面的例子.

例 2.3.1 在一次 "优胜者" 的选拔考试中, 10 位应试者及其成绩如下所示, 设模糊集合 A 表示 "优胜者", 按个人的成绩与 100 分的比值确定隶属度:

$$A = \frac{1}{x_1} + \frac{0.62}{x_2} + \frac{0.35}{x_3} + \frac{0.68}{x_4} + \frac{0.82}{x_5} + \frac{0.25}{x_6} + \frac{0.74}{x_7} + \frac{0.80}{x_8} + \frac{0.40}{x_9} + \frac{0.55}{x_{10}},$$

择优录取事实上就是把模糊集合转化为普通集合, 即先确定一个阈值 λ, 然后把大于等于这个阈值的对象挑出来. 比如, 令阈值 $\lambda = 0.7$, 有 $A_{0.7} = \{x_1, x_5, x_7, x_8\}$, 即为优胜者集合.

下面来讨论水平截集的性质.

性质 2.3.1 设 $A, B \subset F(U), \lambda \in [0,1]$, 则有 $(A \bigcup B)_\lambda = A_\lambda \bigcup B_\lambda, (A \bigcap B)_\lambda = A_\lambda \bigcap B_\lambda$.

证明 $u \in (A \bigcup B)_\lambda \Leftrightarrow (A \bigcup B)(u) \geqslant \lambda \Leftrightarrow A(u) \bigvee B(u) \geqslant \lambda \Leftrightarrow A(u) \geqslant \lambda$ 或 $B(u) \geqslant \lambda \Leftrightarrow u \in A_\lambda$ 或 $u \in B_\lambda \Leftrightarrow u \in A_\lambda \bigcup B_\lambda$;

$u \in (A \bigcap B)_\lambda \Leftrightarrow (A \bigcap B)(u) \geqslant \lambda \Leftrightarrow A(u) \bigwedge B(u) \geqslant \lambda \Leftrightarrow A(u) \geqslant \lambda$ 且 $B(u) \geqslant \lambda \Leftrightarrow u \in A_\lambda$ 且 $u \in B_\lambda \Leftrightarrow u \in A_\lambda \bigcap B_\lambda$.

由于水平截集是经典的集合, 因而在以上的证明中我们采用了经典集合中证明集合相等的方法. 截集的这个性质可以称为其对并和交运算满足分配律, 并且显然可以推广到任意有限多个集合上去. 但是对无限多个集合的并和交运算来说情况就有所不同了.

性质 2.3.2 设 $A_t \in F(U), t \in \mathrm{T}$ 是任意的指标集, 有

$$\left(\bigcup_{t \in \mathrm{T}} A_t\right)_\lambda \supseteq \bigcup_{t \in \mathrm{T}} (A_t)_\lambda, \quad \left(\bigcap_{t \in \mathrm{T}} A_t\right)_\lambda = \bigcap_{t \in \mathrm{T}} (A_t)_\lambda.$$

证明 只证第一式, 第二式的证明留作习题. 如果 $u \in \bigcup_{t \in \mathrm{T}} (A_t)_\lambda$, 则 $\exists t_0 \in \mathrm{T}$, 使得 $u \in (A_{t_0})_\lambda$, 于是 $A_{t_0}(u) \geqslant \lambda$, 即 $\sup_{t \in \mathrm{T}} A_t(u) \geqslant \lambda$, 故 $u \in \left(\bigcup_{t \in \mathrm{T}} A_t\right)_\lambda$.

下面的例子说明 $\left(\bigcup_{t \in \mathrm{T}} A_t\right)_\lambda$ 和 $\bigcup_{t \in \mathrm{T}} (A_t)_\lambda$ 确实不必相等.

例 2.3.2 设 $U = [0,1], A_n(u) = \dfrac{n-1}{n}, n = 1, 2, \cdots$, 则 $\bigcup_{n=1}^{\infty} A_n(u) = 1$, 即 $\bigcup_{n=1}^{\infty} A_n = U$. 取 $\lambda = 1$, 则 $\left(\bigcup_{n=1}^{\infty} A_n\right)_\lambda = U$, 但是 $(A_n)_\lambda = \varnothing, n = 1, 2, \cdots$, 即 $\bigcup_{n=1}^{\infty} (A_n)_\lambda = \varnothing$, 因而有 $\bigcup_{n=1}^{\infty} (A_n)_\lambda \neq \left(\bigcup_{n=1}^{\infty} A_n\right)_\lambda$.

定理 2.3.1 设 U 是论域, $A \in F(U), \lambda \in [0,1]$, 则有

(1) $A_0 = U$;

(2) 若 $\lambda_1 \leqslant \lambda_2$, 则 $A_{\lambda_1} \supseteq A_{\lambda_2}$;

(3) 若 λ_n 严格递增收敛于 λ, 则有 $A_\lambda = \bigcap_{n=1}^{\infty} A_{\lambda_n}$.

证明 (1) 和 (2) 为显然. 只证 (3). 若 λ_n 严格递增收敛于 λ, 则有 $A_\lambda \subseteq A_{\lambda_n}$, 即 $A_\lambda \subseteq \bigcap_{n=1}^{\infty} A_{\lambda_n}$. 反之如果 $u \in \bigcap_{n=1}^{\infty} A_{\lambda_n}$, 则有 $u \in A_{\lambda_n}, n = 1, 2, \cdots$, 即 $A(u) \geqslant \lambda_n, n = 1, 2, \cdots$, 从而 $A(u) \geqslant \sup_{n=1}^{\infty} \lambda_n = \lambda$, 即 $u \in A_\lambda$, 证毕.

对于水平强截集, 有如下三个与水平截集类似的性质, 证明留给读者.

性质 2.3.3 设 $A, B \in F(U), \lambda \in [0,1]$, 则有

$$(A \bigcup B)_{\underline{\lambda}} = A_{\underline{\lambda}} \bigcup B_{\underline{\lambda}}, \quad (A \bigcap B)_{\underline{\lambda}} = A_{\underline{\lambda}} \bigcap B_{\underline{\lambda}}.$$

性质 2.3.4 设 $A_t \in F(U), t \in \mathrm{T}$ 是任意的指标集, 有

$$\left(\bigcup_{t\in T} A_t\right)_{\underline{\lambda}} = \bigcup_{t\in T}(A_t)_{\underline{\lambda}}, \quad \left(\bigcap_{t\in T} A_t\right)_{\underline{\lambda}} \subseteq \bigcap_{t\in T}(A_t)_{\underline{\lambda}}.$$

定理 2.3.2 设 U 是论域, $A \in F(U), \lambda \in [0,1]$, 则有

(1) $A_{\underline{1}} = \varnothing$;

(2) 若 $\lambda_1 \leqslant \lambda_2$, 则 $A_{\underline{\lambda_1}} \supseteq A_{\underline{\lambda_2}}$;

(3) 若 λ_n 严格递减收敛于 λ, 则有 $A_{\underline{\lambda}} = \bigcup_{n=1}^{\infty} A_{\underline{\lambda_n}}$.

关于模糊集合的补运算与水平截集的关系有如下定理.

定理 2.3.3 $(A^{C})_{\lambda} = (A_{\underline{1-\lambda}})^{C}, (A^{C}) = (A_{1-\lambda})^{C}$.

证明留作习题.

以上通过对隶属函数值引入阈值得到了模糊集合的水平截集和强截集的概念, 当阈值在 $[0,1]$ 区间上变动的时候, 就得到了一族水平截集和一族水平强截集, 并且这两族集合满足定理 2.3.1 和定理 2.3.2. 假如只知道一个模糊集合的水平截集族或者水平强截集族, 有没有办法还原得到该模糊集合? 对这个问题的解答就是接下来所要讲述的分解定理. 下面引入模糊集合数量积的概念.

定义 2.3.2 设 $A \in F(U)$, $\lambda \in [0,1]$, 定义 $(\lambda A)(u) = \lambda \bigwedge A(u)$, 称 λA 为 λ 与 A 的数乘或者数量积.

显然 $\lambda A \in F(U)$, 其满足以下简单性质.

性质 2.3.5 (1) 若 $\lambda_1 \leqslant \lambda_2$, 则 $\lambda_1 A \subseteq \lambda_2 A$;

(2) 若 $A \subseteq B$, 则 $\lambda A \subseteq \lambda B$;

(3) 若 $A \in P(U)$, 则 $(\lambda A)(u) = \lambda \bigwedge A(u) = \lambda \bigwedge \chi_A(u) = \begin{cases} \lambda, & u \in A, \\ 0, & u \notin A. \end{cases}$

特别地, 根据性质 (3), 若 $A \in F(U), \lambda \in [0,1]$, 则有

$$(\lambda A_{\lambda})(u) = \lambda \bigwedge \chi_{A_{\lambda}}(u) = \begin{cases} \lambda, & A(u) \geqslant \lambda, \\ 0, & A(u) < \lambda, \end{cases}$$

$$(\lambda A_{\underline{\lambda}})(u) = \lambda \bigwedge \chi_{A_{\underline{\lambda}}}(u) = \begin{cases} \lambda, & A(u) > \lambda, \\ 0, & A(u) \leqslant \lambda. \end{cases}$$

这两个等式在下面定理证明中会起到关键作用.

下面的分解定理建立了一个模糊集合与其水平截集族和强截集族之间相互转化的关系, 是模糊集合基本理论中的第一个基本定理.

定理 2.3.4 (分解定理) 设 U 是论域, $A \in F(U)$, 则有 $A = \bigcup_{\lambda\in[0,1]} \lambda A_{\lambda} = \bigcup_{\lambda\in[0,1]} \lambda A_{\underline{\lambda}}$.

证明 只证第一式. 对 $\forall u \subset U$,

$$\left(\bigcup_{\lambda\in[0,1]} \lambda A_\lambda\right)(u) = \sup_{\lambda\in[0,1]} (\lambda A_\lambda)(u) = \sup_{\lambda\in[0,1]} \lambda \bigwedge \chi_{A_\lambda}(u)$$

$$= \max\left\{\sup_{\lambda\leqslant A(u)} \lambda \bigwedge \chi_{A_\lambda}(u),\ \sup_{\lambda> A(u)} \lambda \bigwedge \chi_{A_\lambda}(u)\right\}$$

$$= \max\left\{\sup_{\lambda\leqslant A(u)} \lambda,\ \sup_{\lambda> A(u)} 0\right\}$$

$$= \max\{A(u), 0\} = A(u).$$

推论 2.3.1 $A(u) = \sup\{\lambda : u \in A_\lambda\} = \sup\{\lambda : u \in A_{\underline{\lambda}}\}$.

推论 2.3.1 提供了由一个模糊集合的截集族或者强截集族还原该模糊集合的具体方法. 看下面的例子.

例 2.3.3 设 $U=\{u_1,u_2,u_3,u_4,u_5\}$, $A_\lambda = \begin{cases} U, & \lambda\leqslant 0.2, \\ \{u_1,u_2,u_3,u_5\}, & 0.2<\lambda\leqslant 0.5, \\ \{u_1,u_3,u_5\}, & 0.5<\lambda\leqslant 0.6, \\ \{u_1,u_3\}, & 0.6<\lambda\leqslant 0.7, \\ \{u_3\}, & 0.7<\lambda\leqslant 1, \end{cases}$

试求模糊集合 A 的隶属函数.

解 只需要判定包含每一个元素的水平截集所对应的最大阈值即可. 比如, 包含元素 u_1 的水平截集所对应的最大阈值是 0.7, 因而 $A(u_1) = 0.7$. 以此类推, 则有

$$A = \frac{0.7}{u_1} + \frac{0.5}{u_2} + \frac{1}{u_3} + \frac{0.2}{u_4} + \frac{0.6}{u_5}.$$

例 2.3.4 设 $U = [0,5]$, 对任意的 $\lambda \in [0,1]$, 有

$$A_\lambda = \begin{cases} [0,5], & \lambda = 0, \\ [3\lambda, 5], & 0<\lambda\leqslant \dfrac{2}{3}, \\ (3,5], & \dfrac{2}{3}<\lambda\leqslant 1, \end{cases}$$

求模糊集合 A 的隶属函数.

解 根据推论 2.3.1 有 $A(x) = \sup\{\lambda : x\in A_\lambda\}$, 可得

当 $x=0$ 时, $A(x) = \bigvee_{\lambda=0} \lambda = 0$;

当 $0<x\leqslant 2$ 时,若 $x\in[3\lambda,5]$, 则 $3\lambda\leqslant x$, 即 $\lambda\leqslant \dfrac{x}{3}$. 当 $\lambda = \dfrac{x}{3}$ 时, $x \in$

$[x,5]=[3\lambda,5]$, 因此此时包含 x 的水平截集所对应的最大阈值是 $\lambda=\dfrac{x}{3}$, 因而有 $A(x)=\bigvee_{\lambda=\frac{x}{3}}\lambda=\dfrac{x}{3}$;

当 $2<x\leqslant 3$ 时, 有 $x\in[2,5]=A_{\frac{2}{3}}$, 因而 $A(x)=\bigvee_{\lambda\leqslant\frac{2}{3}}\lambda=\dfrac{2}{3}$;

当 $3<x\leqslant 5$ 时, 有 $x\in(3,5]=A_1$, 因而 $A(x)=\bigvee_{\lambda\leqslant 1}\lambda=1$.

模糊集合 A 的隶属函数的图像由图 2.3.1 给出.

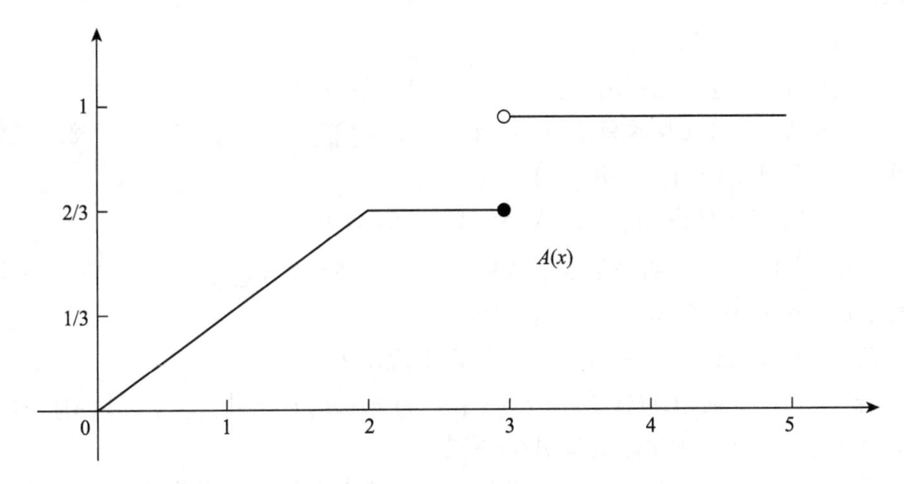

图 2.3.1 模糊集合 A 的隶属函数

当论域有限时, 有如下常用的利用水平截集还原构造原模糊集的方法.

定理 2.3.5 设 $U=\{x_1,x_2,\cdots,x_n\}$, $\{A(x_i):i=1,2,\cdots,n\}=\{0\leqslant\alpha_1<\alpha_2<\cdots<\alpha_m\leqslant 1\}$, 则有

$$A(x)=\sum_{l=2}^{m}(\alpha_l-\alpha_{l-1})\chi_{A_{\alpha_l}}(x)+\alpha_1\chi_{A_{\alpha_1}}(x).$$

证明 若 $A(x)=\alpha_i$, 则 $x\in A_{\alpha_i}$ 且对任意的 $k>i$, 有 $x\notin A_{\alpha_k}$, 即 $\chi_{A_{\alpha_i}}(x)=1$ 且 $\chi_{A_{\alpha_k}}(x)=0$, 故有

$$\sum_{l=2}^{m}(\alpha_l-\alpha_{l-1})\chi_{A_{\alpha_l}}(x)+\alpha_1\chi_{A_{\alpha_1}}(x)=\sum_{l=2}^{i}(\alpha_l-\alpha_{l-1})+\alpha_1=\alpha_i=A(x).$$

2.4 表现定理

2.3 节通过分解定理研究了模糊集合与其水平截集族和强截集族之间的相互转化关系, 给出了如何利用一个模糊集合的水平截集族和强截集族还原构造该模

糊集合的具体方法. 本节研究一族什么样的经典集合可以作为一个模糊集合的水平截集族或者强截集族. 对这个问题的回答就是模糊集合基本理论中的第二个基本定理, Zadeh 称之为表现定理.

定理 2.4.1(表现定理) 设 U 是论域, $A(\lambda):[0,1]\to P(U)$ 和 $A(\underline{\lambda}):[0,1]\to P(U)$ 是两个取值为 U 的子集的映射, 如果 $A(\lambda)$ 和 $A(\underline{\lambda})$ 满足以下公理:

(1) $A(0)=U, A(\underline{1})=\varnothing$.

(2) 若 $\lambda_1\leqslant\lambda_2$, 则 $A(\lambda_1)\supseteq A(\lambda_2), A(\underline{\lambda_1})\supseteq A(\underline{\lambda_2})$.

(3) 若 λ_n 严格递增收敛于 λ, 则有 $A(\lambda)=\bigcap_{n=1}^{\infty}A(\lambda_n)$; 若 λ_n 严格递减收敛于 λ, 则有 $A(\underline{\lambda})=\bigcup_{n=1}^{\infty}A(\underline{\lambda_n})$,

则存在 $A\in F(U)$ 使得 $A_\lambda=A(\lambda)$ 和 $A_{\underline{\lambda}}=A(\underline{\lambda})$ 成立.

证明 (1) 首先证明关于水平截集族的结论. 令 $A=\bigcup_{\lambda\in[0,1]}\lambda A(\lambda)$, 只要证对任意的 $t\in[0,1], A_t=A(t)$ 成立即可.

若 $t=0$, 则 $A_0=U=A(0)$ 成立. 以下假设 $t>0$.

若 $u\in A(t)$, 则 $(tA(t))(u)=t\bigwedge\chi_{A(t)}(u)=t, A(u)=(\bigcup_{\lambda\in[0,1]}\lambda A(\lambda))(u)\geqslant(tA(t))(u)=t$, 即 $u\in A_t, A_t\supseteq A(t)$ 成立.

反之, 若 $u\in A_t$, 即 $A(u)=(\bigcup_{\lambda\in[0,1]}\lambda A(\lambda))(u)\geqslant t$, 若存在 $t_0<t$ 使得 $u\notin A(t_0)$, 则 $(t_0A(t_0))(u)=t_0\bigwedge\chi_{A(t_0)}(u)=0$, 根据性质 (2) 知道 $\lambda A(\lambda)(u)$ 不等于零时具有单调性, 因而 $A(u)=(\bigcup_{\lambda\in[0,1]}\lambda A(\lambda))(u)\leqslant t_0$, 矛盾. 因而对任意的 $s<t$, 都有 $(sA(s))(u)=s$, 即 $u\in A(s)$. 设 t_n 严格递增收敛于 t, 则 $u\in A(t_n), n=1,2,\cdots$, 由 (3) 可知 $u\in\bigcap_{n=1}^{\infty}A(t_n)=A(t)$.

(2) 下面证明关于水平强截集的结论. 令 $A=\bigcup_{\lambda\in[0,1]}\lambda A(\underline{t})$, 我们只要证对任意的 $t\in[0,1], A_{\underline{t}}=A(\underline{t})$ 成立即可.

若 $t=1$, 则 $A_{\underline{1}}=\varnothing=A(\underline{1})$ 成立. 以下假设 $t<1$.

若 $u\in A_{\underline{t}}$, 即 $A(u)=(\bigcup_{\lambda\in[0,1]}\lambda A(\underline{\lambda}))(u)>t$, 则存在 $t_0>t$ 使得 $(t_0A(\underline{t_0}))(u)>t$, 即 $(t_0A(\underline{t_0}))(u)=t_0$, 于是有 $u\in A(\underline{t_0})\subseteq A(\underline{t})$.

反之, 若 $u\in A(\underline{t})$, 则 $(tA(\underline{t}))(u)=t$, 即 $A(u)=(\bigcup_{\lambda\in[0,1]}\lambda A(\underline{\lambda}))(u)\geqslant t$. 若 t_n 严格递减收敛于 t, 则 $A(\underline{t})=\bigcup_{n=1}^{\infty}A(\underline{t_n})$; 因而存在 $t_{n_0}>t$ 使得 $u\in A(\underline{t_{n_0}})$, 即 $(t_{n_0}A(\underline{t_{n_0}}))(u)=t_{n_0}$, 从而 $A(u)=(\bigcup_{\lambda\in[0,1]}\lambda A(\underline{\lambda}))(u)\geqslant t_{n_0}>t$, 故 $u\in A_{\underline{t}}$.

如果在上述的表现定理中不要求给定的集合族满足第三条公理, 则使用定理证明中的方法仍然可以得到一个模糊集合, 但是结论中的等式就不必成立了. 有如下的定理.

定理 2.4.2 设 U 是论域, $H(\lambda):[0,1]\to P(U)$ 是取值为 U 的子集的映射

满足若 $\lambda_1 \leqslant \lambda_2$, 则 $H(\lambda_1) \supseteq H(\lambda_2)$. 令 $A = \bigcup_{\lambda\in[0,1]} \lambda H(\lambda)$, 则有 $A_{\underline{\lambda}} \subseteq H(\lambda) \subseteq A_\lambda$.

证明 $u \in A_{\underline{\lambda}} \Rightarrow \sup_{\alpha\in[0,1]} (\alpha \bigwedge H(\alpha))(u) > \lambda \Rightarrow \exists \alpha_0 \in [0,1], (\alpha_0 \bigwedge H(\alpha_0))(u) > \lambda \Rightarrow u \in H(\alpha_0) \subseteq H(\lambda)$.

$u \in H(\lambda) \Rightarrow (\lambda \bigwedge H(\lambda))(u) = \lambda \Rightarrow \sup_{\alpha\in[0,1]} (\alpha \bigwedge H(\alpha))(u) \geqslant \lambda \Rightarrow A(u) \geqslant \lambda \Rightarrow u \in A_\lambda$.

根据推论 2.3.1 有如下推论.

推论 2.4.1 令 $A = \bigcup_{\lambda\in[0,1]} \lambda H(\lambda)$, 则有 $A(u) = \sup\{\lambda : u \in H(\lambda)\}$.

例 2.4.1 设 $U = [-1,1], H(\lambda) = [\lambda-1, 1-\lambda], \lambda \in [0,1]$, 求

$$A = \bigcup_{\lambda\in[0,1]} \lambda H(\lambda).$$

解 根据 $A(u) = \sup\{\lambda : u \in H(\lambda)\}$ 知, 当 $u \in [-1,0]$ 时, 若 $u \in [\lambda-1, 1-\lambda]$, 则有 $\lambda - 1 \leqslant u$, 即 $\lambda \leqslant u+1$, 从而 $A(u) = \sup\{\lambda : \lambda \leqslant u+1\} = u+1$. 当 $u \in (0,1]$ 时, 若 $u \in [\lambda-1, 1-\lambda]$, 则有 $u \leqslant 1-\lambda$, 即 $\lambda \leqslant 1-u$, 从而 $A(u) = \sup\{\lambda : \lambda \leqslant 1-u\} = 1-u$.

所以 $A(u) = \begin{cases} u+1, & u \in [-1,0], \\ 1-u, & u \in (0,1]. \end{cases}$

2.5 扩张原理

映射是数学中最基本且最重要的概念之一, 它不仅可以建立不同的论域之间的联系, 在此基础之上还可以建立不同论域的集合之间的联系. 本节引入模糊集合的扩张原理的概念来联系不同论域之间的模糊集合. 扩张原理与分解定理和表现定理一起并称模糊集合论的三大基本原理, 在模糊数学的许多分支都有着重要的应用. 我们首先来回顾经典集合论中的内容, 然后再推广到模糊集合上去.

设 U, V 是两个论域, 映射 $f: U \to V$ 可以诱导出一个新的映射 $f: P(U) \to P(V), A \mapsto f(A)$, 其中 $f(A) = \{v \in V : \exists u \in A, f(u) = v\}$. 这里仍然用符号 f 表示所诱导出的映射. $f(A)$ 用特征函数可以表示为

$$\chi_{f(A)}(v) = \begin{cases} \sup\limits_{f(u)=v} \chi_A(u), & f^{-1}(v) \neq \varnothing, \\ 0, & f^{-1}(v) = \varnothing. \end{cases}$$

事实上, 如果 $f^{-1}(v) = \varnothing$, 则对任意的 $A \in P(U)$, 有 $v \notin f(A)$, 即 $\chi_{f(A)}(v) = 0$. 如果 $f^{-1}(v) \neq \varnothing$ 且 $f^{-1}(v) \bigcap A \neq \varnothing$, 则 $\exists u_0 \in f^{-1}(v) \bigcap A$ 使得 $f(u_0) = v$ 且

$\chi_A(u_0) = 1$, 即 $v \in f(A), \chi_{f(A)}(v) = \sup_{f(u)=v} \chi_A(u) = 1$; 如果 $f^{-1}(v) \neq \varnothing$ 且 $f^{-1}(v) \bigcap A = \varnothing$, 则 $v \notin f(A)$ 且对任意的 $f(u) = v$ 有 $\chi_A(u) = 0$, 即 $\chi_{f(A)}(v) = \sup_{f(u)=v} \chi_A(u) = 0$. 因此若 $f^{-1}(v) \neq \varnothing$ 总有 $\chi_{f(A)}(v) = \sup_{f(u)=v} \chi_A(u)$, 即上式成立.

由 f 可以诱导出另一个映射, 记作 f^{-1}, 即 $f^{-1}: P(V) \to P(U), B \mapsto f^{-1}(B)$, 其中 $f^{-1}(B) = \{u \in U : \exists v \in B, f(u) = v\}$. 这里 $f^{-1}(B)$ 是 B 的原像集, 但是 f^{-1} 不是逆映射. 映射 f^{-1} 用特征函数可以表示为 $\chi_{f^{-1}(B)}(u) = \chi_B(f(u))$, 这个证明留给读者.

对于模糊集合 $A \in F(U)$, 自然会问在一个映射 $f: U \to V$ 之下 A 的像如何确定? $B \in F(V)$ 的原像又如何确定? Zadeh 提出了扩张原理来回答这个问题.

定义 2.5.1 (扩张原理) 设 U 和 V 是论域, $A \in F(U), B \in F(V), f: U \to V$ 是一个映射, 则由 f 可以诱导出两个映射: $f: F(U) \to F(V), A \mapsto f(A)$ 和 $f^{-1}: F(V) \to F(U), B \mapsto f^{-1}(B)$, 其中 $f(A)$ 和 $f^{-1}(B)$ 的隶属函数定义分别为

$$f(A)(v) = \begin{cases} \sup\limits_{f(u)=v} A(u), & f^{-1}(v) \neq \varnothing, \\ 0, & f^{-1}(v) = \varnothing \end{cases}$$

和

$$f^{-1}(B)(u) = B(f(u)),$$

$f(A)$ 称为 A 在 f 之下的像, $f^{-1}(B)$ 称为 B 的原像.

扩张原理事实上是一个定义, 是前述经典集合论中相应结果的自然推广. 先来看几个例子熟悉一下扩张原理的基本方法.

例 2.5.1 设 $U = \{1, 2, \cdots, 6\}, V = \{a, b, c, d\}$, 且

$$f(u) = \begin{cases} a, & u = 1, 2, 3, \\ b, & u = 4, 5, \\ c, & u = 6, \end{cases} \quad A = \frac{1}{1} + \frac{0.9}{3} + \frac{0.4}{5} + \frac{0.2}{6},$$

求 $B = f(A)$ 和 $f^{-1}(B)$.

解 根据扩张原理的定义对每一个 V 中的元素首先要确定其原像集, 然后在其原像集上对模糊集合 A 的隶属函数取上确界, 所得即为该元素对 $B = f(A)$ 的隶属度. 由此可得

$$f(A) = \frac{A(1) \bigvee A(2) \bigvee A(3)}{a} + \frac{A(4) \bigvee A(5)}{b} + \frac{A(6)}{c} = \frac{1}{a} + \frac{0.4}{b} + \frac{0.2}{c}.$$

类似可求

$$f^{-1}(B)=\frac{1}{1}+\frac{1}{2}+\frac{1}{3}+\frac{0.4}{4}+\frac{0.4}{5}+\frac{0.2}{6}.$$

细心的读者会发现在上例中 $f^{-1}(f(A))\neq A$, 请自行思考该等式在什么条件下成立?

例 2.5.2 设 R 为实数域, 映射 $f:R\to R, f(x)=1+\frac{1}{2}(x-1)^2$,

$$A(x)=\begin{cases}x+1, & -1\leqslant x\leqslant 0,\\ 1-\frac{1}{3}x, & 0<x\leqslant 3,\\ 0, & x\notin[-1,3],\end{cases}$$

求 $f(A)$.

解 根据 f 的定义 $y=f(x)\geqslant 1$, 因而当 $y<1$ 时, $f^{-1}(y)=\varnothing$. 因此当 $y<1$ 时, $f(A)(y)=0$, 以下只讨论 $y\geqslant 1$ 时的情况.

当 $x\notin[-1,3]$ 时, $A(x)=0$, 此时 $y>3$. 因而当 $y>3$ 时, $f(A)(y)=0$, 只需要讨论 $y\in[1,3]$ 时的情况.

若 $f^{-1}(y)\neq\varnothing$, 则 $f^{-1}(y)=\{x_1=1-\sqrt{2(y-1)}, x_2=1+\sqrt{2(y-1)}\}$. 因而只需要比较 $A(x_1)$ 和 $A(x_2)$ 的大小. 由于当 $y\in[1,3]$ 时, $0\leqslant x_2\leqslant 3$, 因而当 $y\in[1,3]$ 时, $A(x_2)=1-\frac{1}{3}x_2$. 而当 $y\in[1,3]$ 时, $-1\leqslant x_1\leqslant 1$, 此时有 $A(x_1)=x_1+1$ 或者 $A(x_1)=1-\frac{1}{3}x_1$.

若 $x_1\in[-1,0), A(x_1)=x_1+1$, 则 $y\in\left(\frac{3}{2},3\right]$;

若 $x_1\in[0,1], A(x_1)=1-\frac{1}{3}x_1$, 则 $y\in\left[1,\frac{3}{2}\right]$.

当 $y\in\left[1,\frac{3}{2}\right]$ 时, $A(x_1)\geqslant A(x_2)$, 即

$$f(A)(y)=A(x_1)=1-\frac{1}{3}\left(1-\sqrt{2(y-1)}\right)=\frac{2}{3}+\frac{1}{3}\sqrt{2(y-1)}.$$

当 $y\in\left(\frac{3}{2},3\right]$ 时, $A(x_1)\geqslant A(x_2)$, 即

$$f(A)(y)=A(x_1)=2-\sqrt{2(y-1)}.$$

于是 $f(A)(y)=\begin{cases}\frac{2}{3}+\frac{1}{3}\sqrt{2(y-1)}, & y\in\left[1,\frac{3}{2}\right],\\ 2-\sqrt{2(y-1)}, & y\in\left(\frac{3}{2},3\right],\\ 0, & y\notin[1,3].\end{cases}$

下面讨论扩张原理的性质.

定理 2.5.1 设 U 和 V 是论域, $A \in F(U), B \in F(V), f: U \to V$ 是一个映射, 则对 $\forall \lambda \in [0,1]$, 有

$$(f(A))_{\underline{\lambda}} = f\left(A_{\underline{\lambda}}\right), \quad \left(f^{-1}(B)\right)_{\underline{\lambda}} = f^{-1}\left(B_{\underline{\lambda}}\right), \quad \left(f^{-1}(B)\right)_{\lambda} = f^{-1}\left(B_{\lambda}\right).$$

证明 仅证第一式, 其余留给读者作为练习自行完成. $v \in (f(A))_{\underline{\lambda}} \Leftrightarrow f(A)(v) > \lambda \Leftrightarrow \sup_{f(u)=v} A(u) > \lambda \Leftrightarrow \exists f(u_0) = v, A(u_0) > \lambda \Leftrightarrow \exists f(u_0) = v, u_0 \in A_{\underline{\lambda}} \Leftrightarrow v \in f\left(A_{\underline{\lambda}}\right)$.

需要注意的是, 以上定理结论中的等式两边的 f 的含义是不同的, 等式左边的 f 是模糊幂集上的映射, 而右边的 f 是经典集合幂集上的映射. 一般地, $(f(A))_{\lambda} = f(A_{\lambda})$ 不再成立. 其原因是不能保证 $\sup_{f(u)=v} A(u) \geqslant \lambda$ 一定在某点 u_0 可达.

定理 2.5.2 设 U 和 V 是论域,$A, A' \in F(U), f: U \to V$ 是一个映射, 则

(1) $f(A) = \varnothing \Leftrightarrow A = \varnothing$;

(2) $A \subseteq A' \Rightarrow f(A) \subseteq f(A')$;

(3) $f\left(\bigcup_{t\in \mathrm{T}} A_t\right) = \bigcup_{t\in \mathrm{T}} f(A_t)$;

(4) $f\left(\bigcap_{t\in \mathrm{T}} A_t\right) = \bigcap_{t\in \mathrm{T}} f(A_t)$.

证明 只证 (3), 其余留给读者作为练习. 若 $v \notin f(U)$, 则 $(f\left(\bigcup_{t\in \mathrm{T}} A_t\right))(v) = 0 = (\bigcup_{t\in \mathrm{T}} f(A_t))(v)$, 等式成立. 对 $v \in f(U)$,

$$\begin{aligned}\left(f\left(\bigcup_{t\in \mathrm{T}} A_t\right)\right)(v) &= \sup_{f(u)=v}\left(\sup_{t\in \mathrm{T}} A_t(u)\right) = \sup_{t\in \mathrm{T}}\left(\sup_{f(u)=v} A_t(u)\right)\\ &= \sup_{t\in \mathrm{T}}(f(A_t)(u) = \left(\bigcup_{t\in \mathrm{T}} f(A_t)\right)(v).\end{aligned}$$

定理 2.5.3 设 U 和 V 是论域, $B, B' \in F(V), f: U \to V$, 则

(1) $f^{-1}(\varnothing) = \varnothing$; 若 f 是满射, 且 $f^{-1}(B) = \varnothing$, 则 $B = \varnothing$.

(2) $B \subseteq B' \Rightarrow f^{-1}(B) \subseteq f^{-1}(B')$.

(3) $f^{-1}(\bigcup_{t\in \mathrm{T}} B_t) = \bigcup_{t\in \mathrm{T}} f^{-1}(B_t)$.

(4) $f^{-1}(\bigcap_{t\in \mathrm{T}} B_t) = \bigcap_{t\in \mathrm{T}} f^{-1}(B_t)$.

证明留作练习.

2.6 一维模糊数简介 (选讲)

模糊集合定量化地刻画了具有模糊性的概念, 使得利用数学方法定量化研究具有模糊性的现象成为可能, 这一点已经被模糊集合在各种实际问题中的成功应

用所证实. 从另一个角度来看, 作为经典集合的推广, 模糊集合自然地可以同许多以集合论为出发点的数学分支相结合从而产生新的数学研究对象, 比如与拓扑学相结合产生的模糊拓扑乃至格上拓扑学, 与分析学相结合产生的模糊分析, 与代数学相结合产生的模糊代数以及模糊逻辑等, 所有这些研究方向构成了模糊数学的整体框架, 并且都得到了飞速的发展. 本节我们来介绍一个模糊分析学里面最基本的概念, 称之为模糊数. 模糊数的概念是前述模糊集合表现定理的一个具体应用, 这一点希望读者在学习过程中认真体会.

定义 2.6.1 设 R 是实数集, $u: R\to[0,1]$ 满足以下条件:

(1) u 是正规的模糊集, 即 $\exists x_0\in R$ 使得 $u(x_0)=1$;

(2) u 是凸模糊集, 即对任意的 $x>y>z$, 有 $u(y)\geqslant u(x)\bigwedge u(z)$;

(3) u 是上半连续函数, 即对 $\forall x_0\in R, \forall\varepsilon>0, \exists\delta>0$ 使得当 $|x-x_0|<\delta$ 时, 有 $u(x)<u(x_0)+\varepsilon$;

(4) $\overline{\{x:u(x)>0\}}$ 是紧集 (可以简单理解为直线上的有界闭集),

称 u 是模糊数, 全体模糊数的集合记为 E^1, 称为模糊数空间.

我们前面提到的三角形模糊集和梯形模糊集都是特殊的模糊数. 首先给出两个引理.

引理 2.6.1 u 是正规凸模糊集当且仅当 $\forall\lambda\in[0,1], u_\lambda$ 是凸集.

引理 2.6.2 $u: R\to[0,1]$ 是上半连续函数当且仅当对 $\forall\lambda\in[0,1], u_\lambda\neq\varnothing$, u_λ 是闭集.

这两个引理的证明留作习题. 定义 $u_0=\overline{\{x:u(x)>0\}}$, 这里 u_0 的定义不同于前面定义的在 $\lambda=0$ 时的水平截集, 有以下模糊数的区间表示定理.

定理 2.6.1 若 $u\in E^1$, 则

(1) 对 $\forall\lambda\in[0,1], u_\lambda$ 是非空有界闭区间;

(2) 若 $\lambda_1\geqslant\lambda_2$, 则 $u_{\lambda_1}\subseteq u_{\lambda_2}$;

(3) 若 λ_n 严格递增收敛于 $\lambda\in(0,1]$, 则有 $u_\lambda=\bigcap_{n=1}^{\infty}u_{\lambda_n}$.

反之, 若对 $\forall\lambda\in[0,1]$, 存在集族 $\{u(\lambda):\lambda\in[0,1]\}$ 满足相应的公理 (1)—(3), 则存在唯一的 $u\in E^1$ 使得对 $\lambda\in(0,1]$ 有 $u_\lambda=u(\lambda), u_0=\overline{\bigcup_{\lambda\in(0,1]}u_r}\subseteq u(0)$.

证明 (2) 和 (3) 根据水平截集的性质可直接得到. 只需证 (1).

若 $\lambda\in(0,1]$, 由 u 是正规的知 $u_\lambda\neq\varnothing$, 由 u 是凸模糊集和 $u_\lambda\subseteq u_0$ 知 u_λ 是一个有界区间, 由 u 是上半连续函数知 u_λ 是一个闭区间.

若 $\lambda=0$, 则 $\{x:u(x)>0\}=\bigcup_{\lambda\in(0,1]}u_r$ 是一个开区间, 故由 $\overline{\{x:u(x)>0\}}$ 是紧集知 u_0 是一个非空有界闭区间.

反之, 令 $u(x)=\sup\{\lambda:x\in u(\lambda)\}$. 由表现定理知对 $\lambda\in(0,1]$ 有 $u_\lambda=u(\lambda)$.

若 $\lambda=0$, 则 $\{x:u(x)>0\}=\bigcup_{\lambda\in(0,1]}u_r=\bigcup_{\lambda\in(0,1]}u(\lambda)\subseteq u(0)$. 又由 $u(0)$ 是闭区间知 $u_0=\overline{\bigcup_{\lambda\in(0,1]}u_r}\subseteq u(0)$.

由 (1) 和引理 2.6.1 及引理 2.6.2 知 $u\in E^1$.

在定理 2.6.1 的条件中, 由于对集族 $\{u(\lambda):\lambda\in[0,1]\}$ 在 $\lambda=0$ 时只要求 $u(0)$ 是闭区间, 之外没做别的连续性方面的要求, 因而这时只能有 $u_0=\overline{\bigcup_{\lambda\in(0,1]}u_r}\subseteq u(0)$ 而不是等式成立. 如果在定理 2.6.1 的条件中对集族 $\{u(\lambda):\lambda\in[0,1]\}$ 要求 $\overline{\bigcup_{\lambda\in(0,1]}u_r}=u(0)$, 自然就有等式成立了.

例 2.6.1　设 $u(x)=\begin{cases}\dfrac{1}{\sigma}x+\dfrac{\sigma-a}{\sigma}, & a-\sigma\leqslant x\leqslant a,\\ -\dfrac{1}{\sigma}x+\dfrac{\sigma-a}{\sigma}, & a<x\leqslant a+\sigma,\\ 0, & x\notin[a-\sigma,a+\sigma],\end{cases}$ 试验证 u 是模糊数.

解　当 $x=a$ 时, $u(a)=1$, 因而 u 是正规的模糊集合.

令 $u(x)\geqslant\lambda$, 则有 $a-(1-\lambda)\sigma\leqslant x\leqslant a+(1-\lambda)\sigma$, 即 $u_\lambda=[a-(1-\lambda)\sigma,\ a+(1-\lambda)\sigma]$, 即知 u 是模糊数.

定理 2.6.2　对 $u\in E^1$, 令 $u_\lambda=\left[u^L(\lambda),u^R(\lambda)\right]$, 则 $u^L(\lambda)$ 和 $u^R(\lambda)$ 都是 $[0,1]$ 区间上的函数, 且满足

(1) 对 $\lambda\in(0,1]$ 有 $u^L(\lambda)$ 单调非降左连续;

(2) 对 $\lambda\in(0,1]$ 有 $u^R(\lambda)$ 单调非增左连续;

(3) $u^L(1)\leqslant u^R(1)$;

(4) $u^L(\lambda)$ 和 $u^R(\lambda)$ 都在 $\lambda=0$ 处右连续.

反之, 对任意满足上述条件 (1)—(4) 的 $[0,1]$ 区间上的函数 $a(\lambda)$ 和 $b(\lambda)$ 都存在唯一的 $u\in E^1$ 使 $u_\lambda=[a(\lambda),b(\lambda)]$.

证明　根据定理 2.6.1 知 $u^L(\lambda)$ 单调非降和 $u^R(\lambda)$ 单调非增为显然, (3) 也为显然. 对任意的 λ_n 严格递增收敛于 $\lambda\in(0,1]$, 由定理 2.6.1 中的 (3) 知

$$\begin{aligned}\bigcap_{n=1}^{\infty}u_{\lambda_n}&=\bigcap_{n=1}^{\infty}\left[u^L(\lambda_n),u^R(\lambda_n)\right]=\left[\lim_{n\to\infty}u^L(\lambda_n),\lim_{n\to\infty}u^R(\lambda_n)\right]\\&=u_\lambda=\left[u^L(\lambda),u^R(\lambda)\right],\end{aligned}$$

所以 $u^L(\lambda)$ 和 $u^R(\lambda)$ 都是左连续.

若 λ_n 严格递减收敛于 $\lambda=0$, 由

$$u_0=\overline{\{x:u(x)>0\}}=\overline{\bigcup_{n=1}^{\infty}u_{\lambda_n}}=\overline{\bigcup_{n=1}^{\infty}\left[u^L(\lambda_n),u^R(\lambda_n)\right]}$$

知 $u^L(\lambda_n) \to u^L(0)$, $u^R(\lambda_n) \to u^R(0)$, 所以 $u^L(\lambda)$ 和 $u^R(\lambda)$ 都在 $\lambda = 0$ 处右连续.

反之, 若 $[0,1]$ 区间上的函数 $a(\lambda)$ 和 $b(\lambda)$ 满足上述条件 (1)—(4), 则显然区间族 $\{[a(\lambda), b(\lambda)] : \lambda \in (0,1]\}$ 满足定理 2.6.1 的 (1) 和 (2). 下证 $\{[a(\lambda), b(\lambda)] : \lambda \in (0,1]\}$ 满足定理 2.6.1 的 (3).

事实上, 对任何 λ_n 严格递增收敛于 $\lambda \in (0,1]$, 由 $a(\lambda)$ 和 $b(\lambda)$ 均为左连续, 有 $\lim_{n\to\infty} a(\lambda_n) = a(\lambda), \lim_{n\to\infty} b(\lambda_n) = b(\lambda)$, 故 $\bigcap_{n=1}^{\infty} [a(\lambda_n), b(\lambda_n)] = \lim_{n\to\infty} a(\lambda_n), \lim_{n\to\infty} b(\lambda_n) = [a(\lambda), b(\lambda)]$, 因而存在唯一的 $u \in E^1$ 使 $u_\lambda = [a(\lambda), b(\lambda)], \lambda \in (0,1]$, 且

$$u_0 = \overline{\bigcup_{\lambda\in[0,1]} [u^L(\lambda), u^R(\lambda)]} = \overline{\bigcup_{\lambda\in[0,1]} [a(\lambda), b(\lambda)]}$$

$$= \left[\lim_{\lambda\to 0^+} a(\lambda), \lim_{\lambda\to 0^+} b(\lambda)\right] = [a(0), b(0)].$$

定理 2.6.1 表明一个模糊数可以由一个区间族来表示, 定理 2.6.2 则进一步说明可以通过 $[0,1]$ 区间上的两个函数来表示模糊数. 这就提示对模糊数乃至以模糊数为主要研究对象的模糊分析学的研究可以利用区间分析乃至泛函分析的方法. 事实上, 模糊数空间 E^1 具有丰富的数学结构. 下面介绍一个简单但是深刻的结论.

定理 2.6.3 设 $u, v \in E^1$, 定义 $d(u,v) = \sup_{\lambda\in[0,1]} \max\{|u^L(\lambda) - v^L(\lambda)|, |u^R(\lambda) - v^R(\lambda)|\}$, 则 (E^1, d) 是一个完备的度量空间.

证明留作习题.

2.7 模糊集合的度量

本节主要介绍模糊集合的两种度量: 模糊度和模糊集合的测度. 首先来介绍模糊集合的模糊度.

前面介绍了模糊集合可以用来刻画具有模糊性的概念, 在许多实际问题中我们需要量化模糊概念的模糊程度, 因而自然地就有了模糊集合的模糊度的概念.

定义 2.7.1 若映射 $d : F(U) \to [0,1]$ 满足条件:

(1) $d(A) = 0 \Leftrightarrow A \in P(U)$;

(2) $d(A) = 1 \Leftrightarrow A(u) \equiv \frac{1}{2}, \forall u \in U$;

(3) $\forall u \in U$, 当 $B(u) \leqslant A(u) \leqslant \frac{1}{2}$ 或 $\frac{1}{2} \leqslant A(u) \leqslant B(u)$ 时, $d(B) \leqslant d(A)$;

(4) $\forall A \in F(U)$, $\mathrm{d}(A) = d(A^{\mathrm{C}})$,

则称映射 d 为 $F(U)$ 上的一个模糊度, 称 $d(A)$ 为模糊集合 A 的模糊度.

上述定义中条件 (1) 说明经典集合是不模糊的; 条件 (2) 和 (3) 说明隶属函数越靠近 $\frac{1}{2}$ 的模糊集合越模糊, 特别地, 当 $A(u)=\frac{1}{2}$ 时的模糊集合最模糊; 条件 (4) 表明模糊集合与其补集模糊程度是一样的. 上述模糊度的定义是公理化的定义形式, 并没给出具体的模糊度的计算公式. 事实上, 有多种多样具体的定义模糊度的方式. 下面给出常用的模糊度的一般形式.

定理 2.7.1　设 $U=\{x_1,x_2,\cdots,x_n\}$, 令 $d(A)=g(\sum_{i=1}^{n} f(A(x_i)))$, $\forall A\in F(U)$, 其中 $f:[0,1]\to[0,\infty)$ 满足条件:

(1) $\forall x\in[0,1], f(x)=f(1-x)$;

(2) $f(0)=0$;

(3) $f(x)$ 在 $\left[0,\frac{1}{2}\right]$ 上严格增加, $g:[0,a]\to[0,1]$ 满足严格增加且 $g(0)=0$, $a=nf\left(\frac{1}{2}\right)$.

很容易验证如上定义的 $d(A)$ 满足定义 2.7.1 中的四个条件. 下面来看两个具体的例子.

例 2.7.1　设 $U=\{x_1,x_2,\cdots,x_n\}$, 对 $\forall A\in F(U)$, 定义

$$d_p(A)=\frac{2}{n^{\frac{1}{p}}}\left(\sum_{i=1}^{n}\left|A(x_i)-A_{\frac{1}{2}}(x_i)\right|^p\right)^{\frac{1}{p}},$$

则 $d_p(A)$ 是 A 的模糊度.

证明　只要找出满足定理 2.7.1 的函数 $f(x)$ 和 $g(x)$ 即可. 令 $g(x)=2\left(\frac{x}{n}\right)^{\frac{1}{p}}$, 显然即所要确定的函数 $g(x)$. 下面考虑函数 $f(x)=\left(\frac{1}{2}-\left|\frac{1}{2}-x\right|\right)^p$, 显然 $f(x)$ 满足定理 2.7.1 里面关于 $f(x)$ 的三个条件, 且

$$\begin{aligned}
f(A(x_i))&=\left(\frac{1}{2}-\left|\frac{1}{2}-A(x_i)\right|\right)^p\\
&=\begin{cases}|A(x_i)-1|^p, & A(x_i)\geqslant\frac{1}{2},\\ |A(x_i)-0|^p, & A(x_i)<\frac{1}{2},\end{cases}\\
&=\left|A(x_i)-A_{\frac{1}{2}}(x_i)\right|^p,
\end{aligned}$$

因而 $d_p(A)$ 具有定理 2.7.1 给出的形式, 称为闵可夫斯基模糊度.

例 2.7.2 设 $U=\{x_1,x_2,\cdots,x_n\}$,

$$s(x)=\begin{cases}-x\ln x-(1-x)\ln(1-x), & x\in(0,1),\\ 0, & x=0\text{ 或 }x=1,\end{cases}$$

则 $H(A)=\dfrac{1}{n\ln 2}\sum_{i=1}^{n}s(A(x_i))$ 是 A 的模糊度.

证明 只需验证 $s(x)$ 满足定理 2.7.1 中对 $f(x)$ 要求的三个条件即可. 条件 (1) 和 (2) 为显然. 当 $x\in\left(0,\dfrac{1}{2}\right)$ 时, $s'(x)=-\ln x+\ln(1-x)=\ln\dfrac{1-x}{x}>0$, 因此 $s(x)$ 在 $\left[0,\dfrac{1}{2}\right]$ 上严格增加.

下面介绍如何度量模糊集合的 "大小". 集合的基数是集合的最基本的数字特征, 作为经典集合的推广, 模糊集合基数的度量问题一直是模糊数学理论中一个重要的问题, 许多学者从不同的角度提出了各种不同的度量方法. 如果 U 是有限论域, 那么现有的方法把模糊集合 $A\in F(U)$ 的基数定义为 $|A|=\sum_{x\in U}A(x)$. 由于在实际应用中模糊集合往往定义在具有有限测度的无穷论域上, 比如模糊推理中常常要用到闭区间, 上面定义的 $|A|$ 往往无法计算, 因而我们首先需要引入新的方法来计算模糊集合的基数. 另外根据测度论的知识, 我们知道并不是每一个经典集合都是可测的, 显然不能要求每一个模糊集合都具有类似经典集合那样的测度, 因而还需要判断哪些模糊集合是可以定义测度的. 本节的出发点是利用概率测度来度量模糊集合. 设 (U,Ω,P) 是一个概率空间, 首先决定哪些模糊集合可以被 (U,Ω,P) 精确地度量.

定义 2.7.2 模糊集合 $A\in F(U)$ 称为在 (U,Ω,P) 中可测的, 如果 $y=A(x)$ 是 (U,Ω,P) 上的可测函数 (随机变量).

令 $F(U,\Omega)$ 表示 (U,Ω,P) 中可测模糊集合的全体, 以下定理刻画了 $F(U,\Omega)$ 的结构.

定理 2.7.2 (1) $A\in F(U,\Omega)\Longleftrightarrow A^{\mathrm{C}}\in F(U,\Omega)$;

(2) 如果 $\{A_t:t\in\mathrm{T}\}\subseteq F(U,\Omega)$, 则有 $\bigcup_{t\in\mathrm{T}}A_t\in F(U,\Omega)$ 和 $\bigcap_{t\in\mathrm{T}}A_t\in F(U,\Omega)$ 成立.

定理的证明利用随机变量的定义和性质易得. 对任意的 $A\in F(U,\Omega),\alpha\in[0,1]$, A_α 和 $A_{\underline{\alpha}}$ 都是可测集合 (随机事件), 显然有 $0\leqslant P(A_\alpha)\leqslant 1$ 和 $0\leqslant P(A_{\underline{\alpha}})\leqslant 1$ 成立, 并且 $f(\alpha)=P(A_\alpha)$ 和 $g(\alpha)=P(A_{\underline{\alpha}})$ 对 $\alpha\in[0,1]$ 都是可测的 (单调且具有某种连续性), 因而 $\int_0^1P(A_\alpha)\mathrm{d}\alpha$ 和 $\int_0^1P(A_{\underline{\alpha}})\mathrm{d}\alpha$ 都存在. 对可测模糊集合在 (U,Ω,P) 中可以定义如下的测度.

定义 2.7.3　对任意的 $A \in F(U,\Omega)$, 定义 $P^*(A) = \int_0^1 P(A_{\alpha})\mathrm{d}\alpha$ 为 A 的测度.

显然 $P^*(A)$ 是 A 的水平截集概率测度的期望值, 有如下的性质.

定理 2.7.3　(1) 如果 $A \in P(U)$, 则 $P^*(A) = P(A)$ 成立;

(2) 如果 $U = \{x_1, x_2, \cdots, x_n\}, P(\{x_i\}) = \dfrac{1}{n}$, 则 $P^*(A) = \dfrac{\sum_{i=1}^n A(x_i)}{n}$; (留作习题)

(3) $P^*(A) = \int_0^1 P(A_{\underline{\alpha}})\mathrm{d}\alpha$;

(4) $0 \leqslant P^*(A) \leqslant 1, P^*(A) + P^*(A^{\mathrm{C}}) = 1$;

(5) 如果 $\{A_k : k = 1, 2, \cdots\} \subseteq F(U,\Omega)$ 且 $A_i \bigcap A_j = \varnothing, i \neq j$, 则

$$P^*\left(\bigcup_{k=1}^{\infty} A_k\right) = \sum_{k=1}^{\infty} P^*(A_k).$$

证明　(1) 如果 $A \in P(U)$, 则 $P(A_{\alpha}) = P(A)$, 即 $P^*(A) = P(A)$.

(3) 由 $P(A_{\alpha}) \geqslant P(A_{\underline{\alpha}})$ 有 $P^*(A) \geqslant \int_0^1 P(A_{\underline{\alpha}})\mathrm{d}\alpha$. 令 $0 = \alpha_0 < \alpha_1 < \cdots < \alpha_k = 1$, 则有

$$\sum_{j=1}^{k} P(A_{\underline{\alpha_j}})(\alpha_{j+1} - \alpha_j) \geqslant \sum_{j=1}^{k} P(A_{\alpha_{j+1}})(\alpha_{j+1} - \alpha_j),$$

即 $P^*(A) \leqslant \int_0^1 P(A_{\underline{\alpha}})\mathrm{d}\alpha$.

(4) 由于 $A_{\underline{\alpha}} = \left((A^{\mathrm{C}})_{\underline{1-\alpha}}\right)^{\mathrm{C}}$, 有 $P(A_{\alpha}) = 1 - P((A^{\mathrm{C}})_{\underline{1-\alpha}})$, 因此

$$P^*(A) = \int_0^1 (1 - P((A^{\mathrm{C}})_{\underline{1-\alpha}}))\mathrm{d}\alpha = 1 - \int_0^1 P((A^{\mathrm{C}})_{\underline{\beta}})\mathrm{d}\beta = 1 - P^*(A^{\mathrm{C}}).$$

(5) 如果 $A_i \bigcap A_j = \varnothing$, 则 $(A_i)_{\alpha} \bigcap (A_j)_{\alpha} = \varnothing, \alpha \in (0, 1]$, 因此

$$P^*\left(\bigcup_{k=1}^{\infty} A_k\right) = \int_0^1 P\left(\left(\bigcup_{k=1}^{\infty} A_k\right)_{\alpha}\right)\mathrm{d}\alpha = \int_0^1 \left(\sum_{k=1}^{\infty} P((A_k)_{\alpha})\right)\mathrm{d}\alpha = \sum_{k=1}^{\infty} P^*(A_k).$$

以上定理中 (1) 说明了 P^* 是 P 从经典集合到模糊集合的推广; (2) 说明了 $P^*(A)$ 是 $\dfrac{|A|}{|U|}$ 的推广, 无论 A 是经典的集合还是模糊集合; (4) 和 (5) 表明 P^* 满足经典概率的互补性和可列可加性, 因而利用 P^* 来度量无限论域上的可测模糊集是合理的.

习 题 2

1. 试举出一个模糊集合的例子, 要求有论域, 有模糊性的概念, 有合理的隶属函数.

2. 给出三角模糊数和梯形模糊数的解析表达式.

3. 试定义 “大圆” 的隶属函数.

4. 设 $U=\{u_1,u_2,u_3,u_4,u_5\}, A=\frac{0.5}{u_1}+\frac{0.2}{u_2}+\frac{1}{u_3}+\frac{0.4}{u_4}+\frac{0.5}{u_5}, B=\frac{0.2}{u_1}+\frac{0.4}{u_2}+\frac{0.3}{u_3}+\frac{0.1}{u_4}+\frac{0.7}{u_5}, C=\frac{0.8}{u_1}+\frac{0.2}{u_2}+\frac{1}{u_3}+\frac{0.9}{u_4}+\frac{0.6}{u_5}$, 求 $A\bigcup B, A\bigcap B, (A\bigcup B)\bigcap C, (A\bigcap C)^{\mathrm{C}}$.

5. 设论域为实数域 R, $A(x)=e^{-\left(\frac{x-1}{2}\right)^2}, B(x)=e^{-\left(\frac{x+1}{2}\right)^2}$, 求 $A\bigcup B, A\bigcap B, A^{\mathrm{C}}$.

6. 用模糊集合的运算律证明

   (1) $\left(A\bigcap\left((B\bigcap C)\bigcup\left(A^{\mathrm{C}}\bigcap C^{\mathrm{C}}\right)\right)\right)\bigcup C^{\mathrm{C}}=(A\bigcap B\bigcap C)\bigcup C^{\mathrm{C}}$;

   (2) $(A\bigcap B)\bigcup(B\bigcap C)\bigcup(A\bigcap C)=(A\bigcup B)\bigcap(B\bigcup C)\bigcap(A\bigcup C)$.

7. 试证定理 2.2.2.

8. 试证定理 2.2.3.

9. 试证定理 2.2.5.

10. 试证 $\left(\bigcap_{t\in\mathrm{T}}A_t\right)_\lambda=\bigcap_{t\in\mathrm{T}}(A_t)_\lambda$.

11. 设 $A(x)=e^{-x^2}$, 求 $A_{\frac{1}{e}}, A_{\underline{0}}$.

12. 试证定理 2.3.3.

13. 试证定理 2.3.4 中关于强截集的结论.

14. 设 $U=[0,10], A_\lambda=\begin{cases}[0,10], & \lambda=0,\\ [3,10], & 0<\lambda\leqslant\dfrac{3}{5},\\ [5\lambda,10], & \dfrac{3}{5}<\lambda<1,\\ [5,10], & \lambda=1,\end{cases}$ 求 A 的隶属函数.

15. 设 $U=\{a,b,c,d,e\}$, 有 $A_\lambda=\begin{cases}\{d\}, & 0.7<\lambda\leqslant 0.8,\\ \{c,d\}, & 0.5<\lambda\leqslant 0.7,\\ \{c,d,e\}, & 0.3<\lambda\leqslant 0.5,\\ \{b,c,d,e\}, & 0.1<\lambda\leqslant 0.3,\\ U, & \lambda\leqslant 0.1,\end{cases}$ 求 A 的隶属函数.

16. 设 $U=[-1,1], H(\lambda)=\left[\lambda^2-1,1-\lambda^2\right], \lambda\in[0,1]$, 求 $A=\bigcup_{\lambda\in[0,1]}\lambda H(\lambda)$ 并作图.

17. 举例说明 $(f(A))_\lambda=f(A_\lambda)$ 不再成立.

18. 设 $f:R\to R, f(x)=\dfrac{1}{2}x, A(x)=\begin{cases}x-1, & 1<x\leqslant 2,\\ 3-x, & 2<x\leqslant 3,\\ 0, & x\notin(1,3],\end{cases}$ 求 $f(A)$.

19. 设 $f: R \to R, f(x) = 1 + \frac{1}{2}(x+1)^2, A(x) = \begin{cases} 1 + \frac{x}{3}, & -3 < x \leqslant 0, \\ 1 - x, & 0 < x < 1, \\ 0, & x \notin (-3, 1), \end{cases}$ 求 $f(A)$.

20. 证明定理 2.5.3.

21. 证明引理 2.6.1 和引理 2.6.2.

22. 如果论域 $U = [\alpha, \beta]$ 且隶属函数 $A(x)$ 连续, 令 $s(A) = \frac{2}{\beta - \alpha}\int_{\alpha}^{\beta}\left|A(x) - A_{\frac{1}{2}}(x)\right|\mathrm{d}x$, 则 $s(A)$ 是模糊度.

23. 如果 $U = \{x_1, x_2, \cdots, x_5\}, P(x_i) = \frac{1}{n}, A \in F(U, \Omega)$, 证明 $P^*(A) = \frac{|A|}{n}$.

24. 事实上, 我们在 2.7 节中提出的模糊集合的测度可以用来刻画具有模糊性的随机事件发生的概率. 一个袋子里有 10 个球, 直径从小到大依次为 1.1cm , $\cdots$, 2cm, 假设摸出每个球的机会是均等的, 试求摸出一个大球的概率 (提示: 首先建立 “大球” 的隶属函数).

25. 在模糊数的定义中要求 $\overline{\{x: u(x) > 0\}}$ 是紧集, 事实上, 如果把这个条件放松为

$$\int_{-\infty}^{+\infty} u(x)\mathrm{d}x < \infty,$$

我们就会得到所谓的可积非紧模糊数, 试举一个可积非紧模糊数的例子并对可积非紧模糊数建立区间表示定理和函数表示定理.

第 3 章　模糊关系及其应用

3.1　模糊关系及其合成运算

第 1 章回顾了关系的概念, 从数学的角度来看关系就是两个论域的笛卡儿乘积的一个子集. 一般来说关系用来刻画两个论域元素之间的某种联系, 比如 “同学” 关系、“父子” 关系和实数之间的 “相等, 大于” 关系等, 这些关系都是确定性的, 也就是说两个元素要么有这种联系, 要么没有, 二者具且仅具其一. 然而在许多实际问题中我们会遇到对象之间的某种联系具有模糊性, 比如人和人之间的 “相像”, 数之间的 “远远大于” 等, 同样地, 可以用一个数值来刻画这种对象之间具有模糊性的联系, 于是就有了模糊关系的概念. 从数学的角度抽象地看, 一个模糊关系就是两个论域的笛卡儿乘积上的一个模糊集合.

定义 3.1.1　设 U, V 是两个论域, $R \in F(U \times V)$ 称为 $U \times V$ 上的一个模糊关系.

模糊关系的隶属函数值刻画了两个对象之间具有某种联系的程度. 按理来说模糊关系 R 的隶属函数应该表示为 $R((u,v)), u \in U, v \in V$, 但是这样表示显然有些不必要, 因而接下来就用 $R(u,v)$ 来表示模糊关系 R 的隶属函数, 这样做也不会引起歧义. 我们来看几个例子.

例 3.1.1　令 U 和 V 均为实数集, 则 “距离很近” 是 $U \times V$ 上的一个模糊关系, 可以定义为

$$R_1(u,v) = e^{-(u-v)^2}.$$

例 3.1.2　令 U 和 V 均为实数集, 则 “远大于” 是 $U \times V$ 上的一个模糊关系, 其隶属函数可定义为

$$R_2(u,v) = \begin{cases} 0, & u \leqslant v, \\ \left[1 + \dfrac{100}{(u-v)^2}\right]^{-1}, & u > v. \end{cases}$$

例 3.1.3　设 $U = \{a, b, c\}$ 是三个人的集合, R_3 表示 “信任”, 其隶属函数为

$$R_3 = \frac{1}{(a,a)} + \frac{0.9}{(b,a)} + \frac{0.9}{(c,a)} + \frac{1}{(b,b)} + \frac{0.8}{(c,b)} + \frac{0.5}{(c,c)}.$$

由于模糊关系本身就是模糊集合, 因此在第 2 章中介绍的关于模糊集合的基本理论对模糊关系同样成立, 比如并、交和补的运算及其运算规律, 水平截集和强截集, 分解定理、表现定理和扩张原理等, 这里就不再一一重复. 对于有限论域上的模糊关系, 有一种直观的表示方法.

设 $U=\{u_1,u_2,\cdots,u_m\},V=\{v_1,v_2,\cdots,v_n\},R\in F(U\times V)$ 是 $U\times V$ 上的一个模糊关系, 则 R 可以表示为表 3.1.1.

表 3.1.1　有限论域上的模糊关系

U/V	v_1	v_2	$\cdots$	v_n
u_1	$R(u_1,v_1)$	$R(u_1,v_2)$	$\cdots$	$R(u_1,v_n)$
u_2	$R(u_2,v_1)$	$R(u_2,v_2)$	$\cdots$	$R(u_2,v_n)$
$\vdots$	$\vdots$	$\vdots$		$\vdots$
u_m	$R(u_m,v_1)$	$R(u_m,v_2)$	$\cdots$	$R(u_m,v_n)$

进一步, 如果令 $R(u_i,v_j)=r_{ij}$, 并且在上表中忽略第一行和第一列, 就得到了模糊关系 R 的矩阵表示方式: $R=\begin{pmatrix} r_{11} & \cdots & r_{1n} \\ \vdots & & \vdots \\ r_{m1} & \cdots & r_{mn} \end{pmatrix}=(r_{ij})_{m\times n}$.

由于 R 是模糊集合, 因此上面的矩阵里面的元素取值都在 $[0,1]$ 上, 把这种矩阵称为模糊矩阵. 如果模糊矩阵中元素仅取 0 和 1 两个值, 则称为布尔矩阵, 元素全都是 0 的矩阵称为零矩阵, 元素全都是 1 的矩阵称为全矩阵. 由于模糊矩阵事实上是模糊集合, 因而模糊矩阵也有包含、并、交和补的运算以及水平截集和强截集. 这些运算的表示符号罗列如下.

设 $R=(r_{ij})_{m\times n},S=(s_{ij})_{m\times n}$, 则

$$R\bigcup S=(r_{ij}\bigvee s_{ij})_{m\times n},\quad R\bigcap S=(r_{ij}\bigwedge s_{ij})_{m\times n},$$

$$R^{\mathrm{C}}=(1-r_{ij})_{m\times n},\quad R_\lambda=(r_{ij}(\lambda))_{m\times n},\quad \lambda\in[0,1],$$

$$r_{ij}(\lambda)=\begin{cases}1, & r_{ij}\geqslant\lambda,\\ 0, & r_{ij}<\lambda,\end{cases}$$

其中 $R_\lambda=(r_{ij}(\lambda))_{m\times n}$ 是一个布尔矩阵, 称为模糊矩阵 R 的截矩阵, 看下例.

例 3.1.4 若 $R = \begin{pmatrix} 0.8 & 0.3 & 0.6 \\ 0.2 & 0.4 & 0.2 \\ 0.5 & 0.9 & 0.1 \end{pmatrix}$, 则 $R_{0.6} = \begin{pmatrix} 1 & 0 & 1 \\ 0 & 0 & 0 \\ 0 & 1 & 0 \end{pmatrix}$.

可以把经典关系的合成运算推广到模糊关系的合成上来.

定义 3.1.2 设有三个论域 $U, V, W, R \in F(U \times V), S \in F(V \times W)$, 则 R 与 S 的合成是 $U \times W$ 上的一个模糊关系, 定义为 $(R \circ S)(u, w) = \sup_{v \in V}(R(u, v) \bigwedge S(v, w))$, $u \in U, v \in V, w \in W$, 记为 $R \circ S \in F(U \times W)$.

例 3.1.5 设 R 是例 3.1.2 中定义的模糊关系 "远大于", 则 $R \circ R$ 即模糊关系 "远远大于", 求 $R \circ R$ 的隶属函数.

解 对 $\forall x, y$, $(R \circ R)(x, y) = \sup_{z \in R}(R(x, z) \bigwedge R(z, y))$, 其中

$$R(x, z) = \begin{cases} 0, & x \leqslant z, \\ \left[1 + \dfrac{100}{(x-z)^2}\right]^{-1}, & x > z, \end{cases}$$

$$R(z, y) = \begin{cases} 0, & z \leqslant y, \\ \left[1 + \dfrac{100}{(z-y)^2}\right]^{-1}, & z > y. \end{cases}$$

当 $x \leqslant y$ 时, 显然有 $(R \circ R)(x, y) = 0$. 如果固定 x, y, 则随着 z 单调增加 $R(x, z)$ 单减, $R(z, y)$ 单增, 且当 $z = \dfrac{x+y}{2}$ 时, $R(x, z) = R(z, y)$. 因而当 $z < \dfrac{x+y}{2}$ 时, $R(x, z) > R(z, y)$; 当 $z \geqslant \dfrac{x+y}{2}$ 时, $R(x, z) \leqslant R(z, y)$. 因而有

$$\begin{aligned} (R \circ R)(x, y) &= \sup_{z \in R}(R(x, z) \bigwedge R(z, y)) \\ &= \left(\sup_{z < \frac{x+y}{2}} R(z, y)\right) \bigvee \left(\sup_{z \geqslant \frac{x+y}{2}} R(x, z)\right) \\ &= R\left(\frac{x+y}{2}, y\right) \bigvee R\left(x, \frac{x+y}{2}\right) = \left[1 + \frac{100}{\left(\dfrac{x-y}{2}\right)^2}\right]^{-1}, \end{aligned}$$

即 $$(R \circ R)(x, y) = \begin{cases} 0, & x \leqslant y, \\ \left[1 + \dfrac{100}{\left(\dfrac{x-y}{2}\right)^2}\right]^{-1}, & x > y. \end{cases}$$

如果论域 U,V,W 都是有限集合, 则模糊关系 $R\in F(U\times V),S\in F(V\times W)$ 都可以表示为模糊矩阵, 设 $R=(r_{ij})_{m\times l},S=(s_{ij})_{l\times n}$, 则 R 与 S 的合成有以下形式: $(R\circ S)=(q_{ij})_{m\times n}=\left(\bigvee_{k=1}^{l}(r_{ik}\bigwedge s_{kj})\right)_{m\times n}$. 易见模糊矩阵的合成形式与普通矩阵的乘法形式在要求上是一致的, 只不过是把普通矩阵乘法中的对应元素的乘法换成取小运算, 加法换成取大运算.

例 3.1.6　设

$$R=\begin{pmatrix}0.3 & 0.7 & 0.2\\ 1 & 0 & 0.9\end{pmatrix},\quad S=\begin{pmatrix}0.8 & 0.3\\ 0.1 & 0.8\\ 0.5 & 0.6\end{pmatrix},$$

则 $R\circ S=\begin{pmatrix}0.3 & 0.7\\ 0.8 & 0.6\end{pmatrix}$.

下面来研究模糊关系合成的性质.

定理 3.1.1　模糊关系的合成满足以下结论:

(1) $(R\circ S)\circ Q=R\circ(S\circ Q)$;

(2) $(\bigcup_{t\in \mathrm{T}}R_t)\circ R=\bigcup_{t\in \mathrm{T}}(R_t\circ R),R\circ(\bigcup_{t\in \mathrm{T}}R_t)=\bigcup_{t\in \mathrm{T}}(R\circ R_t)$;

(3) $(R\circ S)_\lambda\supseteq R_\lambda\circ S_\lambda\supseteq(R\circ S)_{\underline{\lambda}}$;

(4) 设 $R=(r_{ij})_{m\times l},S=(s_{ij})_{l\times n}$, 则 $(R\circ S)_\lambda=R_\lambda\circ S_\lambda$.

证明　(1) 设 $R\in F(U\times V),S\in F(V\times W),Q\in F(W\times T)$, 对 $\forall(u,t)\in U\times T$,

$$\begin{aligned}((R\circ S)\circ Q)(u,t)&=\sup_{w\in W}((R\circ S)(u,w)\bigwedge Q(w,t))\\&=\sup_{w\in W}\left(\left(\sup_{v\in V}R(u,v)\bigwedge S(v,w)\right)\bigwedge Q(w,t)\right)\\&=\sup_{w\in W}\sup_{v\in V}(R(u,v)\bigwedge S(v,w)\bigwedge Q(w,t))\\&=\sup_{v\in V}\sup_{w\in W}(R(u,v)\bigwedge S(v,w)\bigwedge Q(w,t))\\&=\sup_{v\in V}\left(R(u,v)\bigwedge\sup_{w\in W}(S(v,w)\bigwedge Q(w,t))\right)\\&=\sup_{v\in V}(R(u,v)\bigwedge(S\circ Q)(v,t))\\&=R\circ(S\circ Q)(u,t).\end{aligned}$$

(2) 设 $R_t \in F(U \times V), R \in F(V \times W)$,

$$\begin{aligned}\left(\left(\bigcup_{t\in \mathrm{T}} R_t\right) \circ R\right)(u,w) &= \sup_{v\in V}\left(\left(\bigcup_{t\in \mathrm{T}} R_t\right)(u,v) \bigwedge R(v,w)\right)\\ &= \sup_{v\in V}\left(\sup_{t\in \mathrm{T}} R_t(u,v) \bigwedge R(v,w)\right)\\ &= \sup_{t\in \mathrm{T}}\left(\sup_{v\in V} R_t(u,v) \bigwedge R(v,w)\right)\\ &= \sup_{t\in \mathrm{T}}((R_t \circ R)(u,w))\\ &= \bigcup_{t\in \mathrm{T}} (R_t \circ R)(u,w).\end{aligned}$$

(3) 证明留作习题.

(4) 只要证两边布尔矩阵对应位置元素相等即可.

$$\begin{aligned}\left(\bigvee_{k=1}^{l}(r_{ik} \bigwedge s_{kj})\right)(\lambda) = 1 &\Leftrightarrow \bigvee_{k=1}^{l}(r_{ik} \bigwedge s_{kj}) \geqslant \lambda\\ &\Leftrightarrow \exists k_0, r_{ik_0} \bigwedge s_{k_0j} \geqslant \lambda\\ &\Leftrightarrow \exists k_0, r_{ik_0} \geqslant \lambda, s_{k_0j} \geqslant \lambda\\ &\Leftrightarrow \exists k_0, r_{ik_0}(\lambda) = 1, s_{k_0j}(\lambda) = 1\\ &\Leftrightarrow \exists k_0, r_{ik_0}(\lambda) \bigwedge s_{k_0j}(\lambda) = 1\\ &\Leftrightarrow \left(\bigvee_{k=1}^{l}(r_{ik}(\lambda) \bigwedge s_{kj}(\lambda))\right) = 1.\end{aligned}$$

当 $R \in F(U \times U)$ 时, 记 $R^2 = R \circ R, R^n = R^{n-1} \circ R$. 根据定理 3.1.1 的 (1) 易证 $R^m \circ R^n = R^{m+n}$, $(R^m)^n = R^{mn}$.

3.2 模糊关系的传递性

如前所述, 模糊关系的隶属函数用来定量刻画两个对象之间具有某种联系的程度. 在许多实际问题中, 多个对象之间的联系往往具有传递的性质, 比如人和人之间的“相像”关系. 因而合理地度量模糊关系的传递性就自然非常必要.

定义 3.2.1 设 $R \in F(U \times U)$, 对 $\forall x, y, z \in U$, 如果有 $R(x,z) \geqslant R(x,y) \bigwedge R(y,z)$, 则称 R 是传递的模糊关系.

定理 3.2.1 R 是传递的模糊关系的充要条件是对 $\forall\lambda\in[0,1]$, 若 $R_\lambda\neq\varnothing$, 则 R_λ 是传递的关系.

证明 必要性 设 R 是传递的模糊关系. 若 $R_\lambda\neq\varnothing$, 设 $(x,y)\in R_\lambda,(y,z)\in R_\lambda$, 则有 $R(x,y)\geqslant\lambda$, $R(y,z)\geqslant\lambda$. 由 R 的传递性知 $R(x,z)\geqslant R(x,y)\bigwedge R(y,z)\geqslant\lambda$, 即 $(x,z)\in R_\lambda$, 从而 R_λ 是传递的关系.

充分性 设对 $\forall\lambda\in[0,1]$, 若 $R_\lambda\neq\varnothing$, 则 R_λ 是传递的关系. 对 $\forall x,y,z\in U$, 取 $\lambda=R(x,y)\bigwedge R(y,z)$, 则 $R(x,y)\geqslant\lambda, R(y,z)\geqslant\lambda$, 即 $(x,y)\in R_\lambda,(y,z)\in R_\lambda$, 由 R_λ 的传递性知 $(x,z)\in R_\lambda$, 即 $R(x,z)\geqslant\lambda=R(x,y)\bigwedge R(y,z)$, 从而 R 是传递的模糊关系.

定理 3.2.2 R 是传递的模糊关系的充要条件是 $R\supseteq R^2$.

证明留作习题.

模糊关系的传递性是模糊关系的重要性质, 在 3.3 节的模糊聚类中起到关键作用. 但是直接构造或者验证一个模糊关系是传递的是一件很困难的事情. 下面介绍如何高效地从一个任意的模糊关系出发来得到一个模糊传递关系.

定义 3.2.2 设 $R\in F(U\times U)$, 如果存在 $\overline{R}\in F(U\times U)$ 满足

(1) $\overline{R}$ 是传递的模糊关系且 $\overline{R}\supseteq R$;

(2) 若 Q 是传递的模糊关系且 $Q\supseteq R$, 则 $Q\supseteq\overline{R}$,

称 $\overline{R}$ 是 R 的传递闭包.

可见 R 的传递闭包是包含 R 的最小传递模糊关系.

定理 3.2.3 设 $R\in F(U\times U)$, 则 $\overline{R}=\bigcup_{n=1}^{\infty}R^n$.

证明 (1) $\bigcup_{n=1}^{\infty}R^n\supseteq R$ 为显然. 下证其是传递的.

$$\begin{aligned}\left(\bigcup_{n=1}^{\infty}R^n\right)\circ\left(\bigcup_{m=1}^{\infty}R^m\right)&=\bigcup_{n=1}^{\infty}\left(R^n\circ\left(\bigcup_{m=1}^{\infty}R^m\right)\right)\\&=\bigcup_{n=1}^{\infty}\left(\bigcup_{m=1}^{\infty}(R^n\circ R^m)\right)\\&=\bigcup_{k=2}^{\infty}R^k\subseteq\bigcup_{k=1}^{\infty}R^k.\end{aligned}$$

(2) 若 Q 是传递的模糊关系且 $Q\supseteq R$, 则 $Q^k\supseteq R^k$, 再由定理 3.2.2 知 $Q\supseteq Q^k\supseteq R^k$, 从而 $Q\supseteq\bigcup_{k=1}^{\infty}R^k$.

显然公式 $\overline{R}=\bigcup_{n=1}^{\infty}R^n$ 在实际问题中并不能用来计算传递闭包. 下面我们给出传递闭包的具体算法.

定理 3.2.4 $\overline{R}=\bigcup_{k=1}^{n}R^k$ 的充要条件是 $\bigcup_{k=1}^{n}R^k\supseteq R^{n+1}$.

证明 必要性为显然. 只证充分性. 由 $\bigcup_{k=1}^{n} R^k \supseteq R^{n+1}$ 知

$$\bigcup_{k=2}^{n+1} R^k = \left(\bigcup_{k=1}^{n} R^k\right) \circ R \supseteq R^{n+1} \circ R = R^{n+2},$$

故有

$$\bigcup_{k=1}^{n} R^k \supseteq \left(\bigcup_{k=1}^{n} R^k\right) \cup R^{n+1} = \bigcup_{k=1}^{n+1} R^k \supseteq \bigcup_{k=2}^{n+1} R^k \supseteq R^{n+2},$$

用归纳法可证对任意的 $i = 1, 2, \cdots$, 有 $\bigcup_{k=1}^{n} R^k \supseteq R^{n+i}$, 即 $\bigcup_{k=1}^{n} R^k \supseteq \bigcup_{k=1}^{\infty} R^k = \overline{R}$.

定理 3.2.5 设 $U = \{u_1, u_2, \cdots, u_n\}, R \in F(U \times U)$, 则 $\overline{R} = \bigcup_{k=1}^{n} R^k$.

证明 根据以上定理只需证 $\bigcup_{k=1}^{n} R^k \supseteq R^{n+1}$.

$$\begin{aligned}
R^{n+1}(x, y) &= \sup_{x_1 \in U} \left(R(x, x_1) \bigwedge R^n(x_1, y)\right) \\
&= \sup_{x_1 \in U} \left(R(x, x_1) \bigwedge \left(\sup_{x_2 \in U} \left(R(x_1, x_2) \bigwedge R^{n-1}(x_2, y)\right)\right)\right) \\
&= \sup_{x_1 \in U} \sup_{x_2 \in U} \left(R(x, x_1) \bigwedge R(x_1, x_2) \bigwedge R^{n-1}(x_2, y)\right) \\
&= \sup_{x_1 \in U} \cdots \sup_{x_n \in U} \left(R(x, x_1) \bigwedge R(x_1, x_2) \bigwedge \cdots \bigwedge R(x_n, y)\right) \\
&= R(x, x_1') \bigwedge R(x_1', x_2') \bigwedge \cdots \bigwedge R(x_n', y).
\end{aligned}$$

因为 $U = \{u_1, u_2, \cdots, u_n\}$, 故 $x, x_1', \cdots, x_n'$ 中必有相同的元素, 不妨设 $x_i' = x_j' (j > i)$, 于是消掉 $j - i$ 个元之后有

$$\begin{aligned}
R^{n+1}(x, y) &\leqslant R(x, x_1') \bigwedge \cdots \bigwedge R(x_{i-1}', x_i') \bigwedge R(x_i', x_{j+1}') \bigwedge \cdots \bigwedge R(x_n', y) \\
&\leqslant R^i(x, x_i') \bigwedge R^{n+1-j}(x_i', y) \leqslant R^m(x, y),
\end{aligned}$$

其中 $m = n+1-(j-i) \leqslant n$, 从而 $R^{n+1}(x, y) \leqslant \bigvee_{k=1}^{n} R^k(x, y)$, 因此有 $\bigcup_{k=1}^{n} R^k \supseteq R^{n+1}$.

根据定理 3.2.5, 对有限论域我们无须计算多个矩阵的合成, 因而简化了传递闭包的计算. 但是当论域中元素数目非常大时, 计算传递闭包仍然是非常耗费计算量的. 如果对初始矩阵做一些要求就会带来计算的简化.

定理 3.2.6 设 $U = \{u_1, u_2, \cdots, u_n\}, R \in F(U \times U)$ 满足 $R(u, u) = 1, \forall u \in U$, 则 $\overline{R} = R^n$.

证明 对 $\forall u, v \in U, R \circ R(u, v) = \sup_{w \in U} R(u, w) \bigwedge R(w, v) \geqslant R(u, u) \bigwedge R(u, v) \geqslant R(u, v)$, 因而 $R \subseteq R^2$, 递推有 $R \subseteq R^2 \subseteq \cdots \subseteq R^n$, 根据定理 3.2.5 有 $\overline{R} = R^n$.

相比较于定理 3.2.5 的方法, 根据定理 3.2.6, 可以极大地简化传递闭包的计算. 事实上我们只需计算 R^n, 取最小的 m 满足 $2^m > n$, 则 R^n 的计算过程为: $R \to R^2 \to R^4 \to \cdots \to R^{2^m} = R^n$, 故只需要 $m = [\log_2 n] + 1$ 步而不是 $n-1$ 步, 在 n 比较大的时候计算量的节省是明显的.

例 3.2.1　设 $R = \begin{pmatrix} 1 & 0 & 0.1 & 0 & 0.8 & 1 & 0.6 \\ 0 & 1 & 0 & 1 & 0 & 0.8 & 1 \\ 0.1 & 0 & 1 & 0.7 & 0.6 & 0 & 0.1 \\ 0 & 1 & 0.7 & 1 & 0 & 0.9 & 0 \\ 0.8 & 0 & 0.6 & 0 & 1 & 0.7 & 0.5 \\ 1 & 0.8 & 0 & 0.9 & 0.7 & 1 & 0.4 \\ 0.6 & 1 & 0.1 & 0 & 0.5 & 0.4 & 1 \end{pmatrix}$, 求 $\overline{R}$.

解　显然 R 满足 $R(u,u) = 1$, 故可采取上述的快速算法. 计算得

$$R^2 = \begin{pmatrix} 1 & 0.8 & 0.6 & 0.9 & 0.8 & 1 & 0.6 \\ 0.8 & 1 & 0.7 & 1 & 0.7 & 0.9 & 1 \\ 0.6 & 0.7 & 1 & 0.7 & 0.6 & 0.7 & 0.5 \\ 0.9 & 1 & 0.7 & 1 & 0.7 & 0.9 & 1 \\ 0.8 & 0.7 & 0.6 & 0.7 & 1 & 0.8 & 0.6 \\ 1 & 0.9 & 0.7 & 0.9 & 0.8 & 1 & 0.8 \\ 0.6 & 1 & 0.5 & 1 & 0.6 & 0.8 & 1 \end{pmatrix},$$

$$R^4 = \begin{pmatrix} 1 & 0.9 & 0.7 & 0.9 & 0.8 & 1 & 0.9 \\ 0.9 & 1 & 0.7 & 1 & 0.8 & 0.9 & 1 \\ 0.7 & 0.7 & 1 & 0.7 & 0.7 & 0.7 & 0.7 \\ 0.9 & 1 & 0.7 & 1 & 0.8 & 0.9 & 1 \\ 0.8 & 0.8 & 0.7 & 0.8 & 1 & 0.8 & 0.8 \\ 1 & 0.9 & 0.7 & 0.9 & 0.8 & 1 & 0.9 \\ 0.9 & 1 & 0.7 & 1 & 0.8 & 0.9 & 1 \end{pmatrix} = R^8,$$

故 $\overline{R} = R^4$.

3.3　模糊等价关系和模糊聚类

3.2 节介绍了模糊关系的传递性, 根据定理 3.2.1 可知模糊关系的传递性是经典关系的传递性的自然推广. 读者可能会回想起经典关系的性质中还有自反性和对称性, 对这两种性质在模糊环境下的推广非常简单, 因而不单列出这部分内容而

是并在一起进行介绍. 在经典的关系理论中, 自反、对称和传递的关系称为一个等价关系, 利用等价关系可以对论域进行划分. 本节主要介绍如何把等价关系的概念推广到模糊集合上面来并利用它对论域进行动态划分.

定义 3.3.1 设 $R \in F(U \times U)$, 如果 R 满足

(1) 自反性: $R(x,x)=1, \forall x \in U$;

(2) 对称性: $R(x,y)=R(y,x), \forall x,y \in U$;

(3) 传递性: 对 $\forall x,y,z \in U$, 有 $R(x,z) \geqslant R(x,y) \bigwedge R(y,z)$,

则称 R 为 U 上的一个模糊等价关系.

定理 3.3.1 R 为一个模糊等价关系充要条件是对 $\lambda \in [0,1], R_\lambda$ 是等价关系.

定理的证明留作习题.

在第 1 章我们回顾了如何利用等价关系对论域进行划分, 事实上, 在许多领域中这种划分都是核心的研究问题, 统称为聚类问题. 也就是说给定一些对象, 需要根据某些因素把这些对象划分成不同的类别. 无论是在模式识别、统计学里面还是在数据挖掘领域里面都有许多种方法进行聚类, 时至今日聚类仍然是这些领域中的热点研究问题. 由于模糊等价关系的任何一个截关系都是分明的等价关系, 都可以对论域进行划分, 并且这种划分具有某种动态的特征, 因而基于模糊等价关系的聚类方法也是一种基本的聚类方法, 可以看成模糊集合在聚类问题上的一个简单应用. 下面介绍这种方法. 在实际问题里我们讨论的对象集合是有限的, 因而此时模糊关系就是一个模糊矩阵, 而模糊等价关系就是一个对角线元素为 1 的对称模糊矩阵.

定理 3.3.2 设 R 是 U 上的一个模糊等价关系, $\lambda,\mu \in [0,1]$ 且 $\lambda \leqslant \mu$, 则对 $\forall x \in U$ 有 $[x]_{R_\lambda} = \bigcup_{(x,y)\in R_\lambda} [y]_{R_\mu}$.

证明 若 $(x,y) \in R_\lambda$, 则 $y \in [x]_{R_\lambda}$, 因而有 $[x]_{R_\lambda} \subseteq \bigcup_{(x,y)\in R_\lambda} [y]_{R_\mu}$. 由 $\lambda \leqslant \mu$ 知 $R_\lambda \supseteq R_\mu$, 因而若 $z \in [y]_{R_\mu}$, 即 $R(y,z) \geqslant \mu \geqslant \lambda$, 从而 $R(x,z) \geqslant R(x,y) \bigwedge R(y,z) \geqslant \lambda$, 即 $z \in [x]_{R_\lambda}, [x]_{R_\lambda} \supseteq [y]_{R_\mu}$. 故有 $[x]_{R_\lambda} \supseteq \bigcup_{(x,y)\in R_\lambda} [y]_{R_\mu}$.

因而如果 $\lambda \leqslant \mu$, 则 R_λ 把 U 划分的每一块都是 R_μ 把 U 划分的块的并集, 也就是说, 随着阈值 λ 的由小变大, R_λ 对 U 的划分也逐渐地由粗变细, 从而形成一个动态的聚类过程. 这也是模糊聚类的方法的特点. 下面通过一个具体的例子来解释这种方法的基本原理.

例 3.3.1 环境单元分类问题. 每个环境单元包括空气、水分、土壤和作物四个要素. 环境单元的污染状况由污染物在四要素中含量的超限度来描述. 现有五个环境单元 $U=\{u_1,u_2,u_3,u_4,u_5\}$, 它们的污染数据如表 3.3.1 所示. 试对 U 进行

分类.

解　首先建立一个模糊关系 $R=(r_{ij})_{5\times 5}$. 令 $u_i=(x_{i1},x_{i2},x_{i3},x_{i4})$ 和 $r_{ij}=1-\dfrac{1}{10}\sum_{k=1}^{4}|x_{ik}-x_{jk}|$, 可得

$$R=\begin{pmatrix} 1 & 0.1 & 0.8 & 0.5 & 0.3 \\ 0.1 & 1 & 0.1 & 0.2 & 0.4 \\ 0.8 & 0.1 & 1 & 0.3 & 0.1 \\ 0.5 & 0.2 & 0.3 & 1 & 0.6 \\ 0.3 & 0.4 & 0.1 & 0.6 & 1 \end{pmatrix},$$

计算得

$$\overline{R}=R^4=\begin{pmatrix} 1 & 0.4 & 0.8 & 0.5 & 0.5 \\ 0.4 & 1 & 0.4 & 0.4 & 0.4 \\ 0.8 & 0.4 & 1 & 0.5 & 0.5 \\ 0.5 & 0.4 & 0.5 & 1 & 0.6 \\ 0.5 & 0.4 & 0.5 & 0.6 & 1 \end{pmatrix}.$$

表 3.3.1　土壤污染数据表

	空气	水分	土壤	作物
u_1	5	5	3	2
u_2	2	3	4	5
u_3	5	5	2	3
u_4	1	5	3	1
u_5	2	4	5	1

再令 λ 由 1 降至 0, 写出 R_λ, 对 U 按照 R_λ 分类, 这里 u_i,u_j 归为同一类的充要条件为 $R(u_i,u_j)=1$.

$$\overline{R_1}=\begin{pmatrix} 1 & 0 & 0 & 0 & 0 \\ 0 & 1 & 0 & 0 & 0 \\ 0 & 0 & 1 & 0 & 0 \\ 0 & 0 & 0 & 1 & 0 \\ 0 & 0 & 0 & 0 & 1 \end{pmatrix},$$

相应的分类: $\{u_1\},\{u_2\},\{u_3\},\{u_4\},\{u_5\}$, 共五类.

$$\overline{R_{0.8}}=\begin{pmatrix}1&0&1&0&0\\0&1&0&0&0\\1&0&1&0&0\\0&0&0&1&0\\0&0&0&0&1\end{pmatrix},$$

相应的分类: $\{u_1,u_3\},\{u_2\},\{u_4\},\{u_5\}$, 共四类.

$$\overline{R_{0.6}}=\begin{pmatrix}1&0&1&0&0\\0&1&0&0&0\\1&0&1&0&0\\0&0&0&1&1\\0&0&0&1&1\end{pmatrix},$$

相应的分类: $\{u_1,u_3\},\{u_2\},\{u_4,u_5\}$, 共三类.

$$\overline{R_{0.5}}=\begin{pmatrix}1&0&1&1&1\\0&1&0&0&0\\1&0&1&1&1\\1&0&1&1&1\\1&0&1&1&1\end{pmatrix},$$

相应的分类: $\{u_1,u_3,u_4,u_5\},\{u_2\}$, 共两类.

$$\overline{R_{0.4}}=\begin{pmatrix}1&1&1&1&1\\1&1&1&1&1\\1&1&1&1&1\\1&1&1&1&1\\1&1&1&1&1\end{pmatrix},$$

全部元素归为一类. 可以画出如下的聚类图 (图 3.3.1).

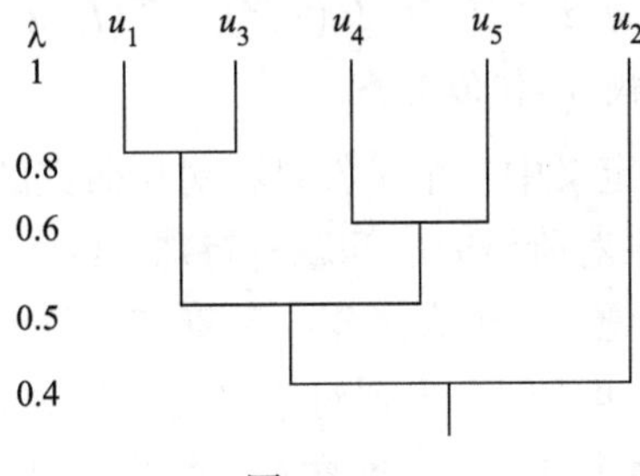

图 3.3.1

3.4 模糊相似关系的构造

在模糊等价关系的定义中, 对自反性和对称性的要求对于刻画对象之间的相似程度是合理的. 传递性用来刻画三个对象之间相似程度的某种联系, 显然刻画三个对象之间相似程度联系的方式并不唯一, 因而自然就想到是否有更一般的方式来定义传递性. 另外, 根据许多现有相似度的定义所得到的模糊关系一般不是模糊等价关系. 本节放宽模糊等价关系中对传递性的要求, 从而得到模糊相似关系, 并研究其基本性质. 首先介绍三角范数的概念.

定义 3.4.1 设 $T:[0,1]\times[0,1]\to[0,1]$, 对 $\forall x,y,z\in[0,1]$, 如果 T 满足条件:

(1) 交换律: $T(x,y)=T(y,x)$;

(2) 结合律: $T(x,T(y,z))=T(T(x,y),z)$;

(3) 单调性: 如果 $x_1\leqslant x_2, y_1\leqslant y_2$, 则 $T(x_1,y_1)\leqslant T(x_2,y_2)$;

(4) 边界条件: $\forall x\in[0,1], T(x,1)=x$,

则称 T 为三角范数, 简称为 t-范数.

常用的 t-范数主要有以下四种:

(1) Mamdani 算子: $T_M(x,y)=\min\{x,y\}$; (最大的三角范数)

(2) 乘积算子: $T_P(x,y)=xy$;

(3) Lukasiewicz t-范数: $T_L(x,y)=\max\{0,x+y-1\}$;

(4) 余弦算子: $T_{\cos}(x,y)=\max\{xy-\sqrt{1-x^2}\sqrt{1-y^2},0\}$.

显然模糊等价关系定义中利用三角范数 T_M 刻画了传递性, 因而自然地就会想到用一般的三角范数来代替 T_M, 从而得到刻画传递性的一般形式.

定义 3.4.2 设 U 是一个论域, $R\in F(U\times U)$, T 是一个三角范数. 如果 R 满足

(1) 自反性: $R(x,x)=1,\forall x\in U$;

(2) 对称性: $R(x,y)=R(y,x),\forall x,y\in U$;

(3) T-传递性: 对 $\forall x,y,z\in U$, 有 $R(x,z)\geqslant T(R(x,y),R(y,z))$,

则称 R 是 U 上的一个模糊 T-相似关系.

以上模糊相似关系的定义中三个条件是在对所研究的问题没有附加任何额外要求的前提下提出的. 如果对所研究的问题有特殊的约束, 那么这些条件可以不被遵守. 比如, 考虑到时间问题, 一个人童年时和青年时相似的程度可能就不是百分百, 这样就破坏了自反性; 再如, 考虑到对象之间的从属关系, 我们一般说儿子长得像父亲, 但是不说父亲长得像儿子, 这样对称性也被破坏了. 在以上定义的条件 (3) 中不同的三角范数刻画了不同的传递性.

下面针对几种常用的三角范数 T_M, T_L, T_P 和 $T_{\cos}$ 介绍如何定义与其对应的模糊 T-相似关系.

定理 3.4.1 设 U 是一个非空论域, $A \in F(U)$. 定义

$$R_{T_M}(x,y) = \begin{cases} 1, & x = y, \\ A(x) \bigwedge A(y), & x \neq y, \end{cases}$$

$$R_{T_L}(x,y) = 1 - |A(x) - A(y)|,$$

$$R_{T_P}(x,y) = \frac{A(x)}{A(y)} \bigwedge \frac{A(y)}{A(x)}.$$

对 $R_{T_P}(x,y)$ 的情况, 我们假设对 $\forall x \in U$ 有 $A(x) \neq 0$. 则 R_{T_M} 是 T_M-传递的, R_{T_L} 是 T_L-传递的, R_{T_P} 是 T_P 传递的.

证明 只证 R_{T_L} 是 T_L-传递的, 其余的两个留作习题.

$$\begin{aligned} & T_L(R_{T_L}(x,y), R_{T_L}(y,z)) \\ = & \max\{0, R_{T_L}(x,y) + R_{T_L}(y,z) - 1\} \\ = & \max\{0, 1 - |A(x) - A(y)| + 1 - |A(y) - A(z)| - 1\} \\ = & \max\{0, 1 - |A(x) - A(y)| - |A(y) - A(z)|\} \\ \leqslant & \max\{0, 1 - |A(x) - A(z)|\} \\ = & R_{T_L}(x,z), \end{aligned}$$

即 R_{T_L} 是 T_L-传递的.

以上三种构造模糊 T-相似关系的方法都是常用的. 注意到有 $T_M(a,b) \geqslant T_P(a,b) \geqslant T_L(a,b) \geqslant T_{\cos}(a,b)$, 因而以上三种模糊相似关系也满足 $T_{\cos}$-传递性, 这个事实提醒我们模糊 $T_{\cos}$-相似关系可能是一类范围更广泛的模糊相似关系. 事实上, 可以把模糊 $T_{\cos}$-相似关系与在计算机领域里有着重要应用的核函数联系起来, 从而极大地丰富了模糊相似关系的研究范畴和应用范围. 下面先简要介绍核函数的概念.

定义 3.4.3 设 U 是一个论域, $k: U \times U \to R$ 是一个对称的二元函数. 对给定的对象集合 $\{x_i : i = 1, 2, \cdots, n\} \subseteq U$, 定义矩阵 $K = (k(x_i, x_j))_{n \times n}$. 如果对于所有的 n, 所有的对象集合 $\{x_i : i = 1, 2, \cdots, n\}$, 矩阵 K 都是正定的, 则 $k(x, x')$ 称为核函数.

核函数在计算机领域内的一个重要应用就是可以作为内积来使用. 设 $k: U \times U \to R$ 是一个核函数, 则存在一个高维内积空间 H 和一个映射 $\Phi: U \to H$ 满足 $k(x, x') = \langle \Phi(x), \Phi(x') \rangle_H$, 这个结论将在 3.5 节中起到关键作用, 其证明需要用到一点泛函分析的知识, 有兴趣的读者可以参考文献 [5].

定理 3.4.2 设 $k(x,x')$ 是定义在 U 上的核函数, 满足在 $[0,1]$ 上取值且对任意的 $x\in U$ 有 $k(x,x)=1$, 那么 $k(x,x')$ 是 $T_{\cos}$-传递的.

证明 由于 $k(x,x')$ 是正定的, 则对任意的 $\forall x,y,z\in U$, 有

$$\begin{vmatrix} k(x,x) & k(x,y) & k(x,z) \\ k(y,x) & k(y,y) & k(y,z) \\ k(z,x) & k(z,y) & k(z,z) \end{vmatrix} > 0,$$

根据 $k(x,x')$ 的对称性及 $k(x,x)=1$, 把上述行列式按照对角线法则展开可得

$$1+2k(x,y)k(y,z)k(z,x)-k^2(x,y)-k^2(y,z)-k^2(z,x)>0,$$

整理得

$$k^2(z,x)-2k(x,y)k(y,z)k(z,x)+k^2(y,z)+k^2(x,y)-1<0,$$

以 $k(z,x)$ 为未知数求解此不等式得

$$k(z,x)>k(x,y)k(y,z)-\sqrt{1-k^2(x,y)}\cdot\sqrt{1-k^2(y,z)},$$

因此定理的结论成立.

当矩阵维数超过 3 的时候, $T_{\cos}$-传递只是模糊 $T_{\cos}$-矩阵是正定的必要条件而不是充分条件. 看下面的反例.

例 3.4.1 令 $A=(a_{ij})_{n\times n}$, 其中 $a_{ij}=\begin{cases}\dfrac{1}{\sqrt{2}}, & i=1\bigvee j=1,\\ 1, & i=j,\\ 0, & \text{其他},\end{cases}$ 则 A 满足 $T_{\cos}$-传递, 但是当 $n>3$ 时 $|A|<0$, 因而不是正定的.

根据定理 3.4.2 可知正定的模糊关系都是模糊 $T_{\cos}$-相似关系, 因而就有了一大类模糊相似关系可供选择, 比如最常用的高斯函数 $k(x,x')=\exp\left(-\dfrac{\|x-x'\|^2}{\sigma^2}\right)$. 更进一步, 前面定义的三种模糊相似关系也都是半正定的 (尽管半正定性比正定性弱一些, 但是在实际应用中没有太大影响), 因而可以纳入到核函数的范畴. 先证明 $R_{T_L}(x,y)$ 的情况.

定理 3.4.3 设 $U=\{x_1,x_2,\cdots,x_n\}, A\in F(U), A(x_i)=\mu_i$ 且 $\mu_i\geqslant\mu_j, i<j$. 令

$$E_{T_L}=\left|(1-|\mu_i-\mu_j|)_{n\times n}\right|,$$

则 $E_{T_L}\geqslant 0$.

证明

$$E_{T_L}=\begin{vmatrix}1 & 1-(\mu_1-\mu_2) & \cdots & 1-(\mu_1-\mu_{n-1}) & 1-(\mu_1-\mu_n)\\ 1-(\mu_1-\mu_2) & 1 & \cdots & 1-(\mu_2-\mu_{n-1}) & 1-(\mu_2-\mu_n)\\ 1-(\mu_1-\mu_3) & 1-(\mu_2-\mu_3) & \cdots & 1-(\mu_3-\mu_{n-1}) & 1-(\mu_3-\mu_n)\\ \vdots & \vdots & & \vdots & \vdots\\ 1-(\mu_1-\mu_{n-1}) & 1-(\mu_2-\mu_{n-1}) & \cdots & 1 & 1-(\mu_{n-1}-\mu_n)\\ 1-(\mu_1-\mu_n) & 1-(\mu_2-\mu_n) & \cdots & 1-(\mu_{n-1}-\mu_n) & 1\end{vmatrix}$$

$$=\begin{vmatrix}1 & \mu_2-\mu_1 & \cdots & \mu_{n-1}-\mu_{n-2} & \mu_n-\mu_{n-1}\\ 1-(\mu_1-\mu_2) & -(\mu_2-\mu_1) & \cdots & \mu_{n-1}-\mu_{n-2} & \mu_n-\mu_{n-1}\\ 1-(\mu_1-\mu_3) & -(\mu_2-\mu_1) & \cdots & \mu_{n-1}-\mu_{n-2} & \mu_n-\mu_{n-1}\\ \vdots & \vdots & & \vdots & \vdots\\ 1-(\mu_1-\mu_{n-1}) & -(\mu_2-\mu_1) & \cdots & -(\mu_{n-1}-\mu_{n-2}) & \mu_n-\mu_{n-1}\\ 1-(\mu_1-\mu_n) & -(\mu_2-\mu_1) & \cdots & -(\mu_{n-1}-\mu_{n-2}) & -(\mu_n-\mu_{n-1})\end{vmatrix}$$

$$=\prod_{i=2}^{n}(\mu_{i-1}-\mu_i)\begin{vmatrix}1 & -1 & \cdots & -1 & -1\\ 1-(\mu_1-\mu_2) & 1 & \cdots & -1 & -1\\ 1-(\mu_1-\mu_3) & 1 & \cdots & -1 & -1\\ \vdots & \vdots & & \vdots & \vdots\\ 1-(\mu_1-\mu_{n-1}) & 1 & \cdots & 1 & -1\\ 1-(\mu_1-\mu_n) & 1 & \cdots & 1 & 1\end{vmatrix},$$

而

$$\begin{aligned}E^{(n)}&=\begin{vmatrix}1 & -1 & \cdots & -1 & -1\\ 1-(\mu_1-\mu_2) & 1 & \cdots & -1 & -1\\ 1-(\mu_1-\mu_3) & 1 & \cdots & -1 & -1\\ \vdots & \vdots & & \vdots & \vdots\\ 1-(\mu_1-\mu_{n-1}) & 1 & \cdots & 1 & -1\\ 1-(\mu_1-\mu_n) & 1 & \cdots & 1 & 1\end{vmatrix}\\ &=1A_{11}+(-1)^{n-1}(1-(\mu_1-\mu_n))A_{1n}\\ &=2^{n-2}+(-1)^{n-1}(1-(\mu_1-\mu_n))(-1)^{n-1}2^{n-2}\\ &=2^{n-2}(2-(\mu_1-\mu_n)),\end{aligned}$$

从而 $E_{T_L}=\prod_{i=2}^{n}(\mu_{i-1}-\mu_i)E^{(n)}\geqslant 0$.

定理 3.4.4　设 $U=\{x_1,x_2,\cdots,x_n\}, A\in F(U), A(x_i)=\mu_i$ 且 $\mu_i\geqslant\mu_j$, $i<j$. 令

$$E_{T_P}=\left|\left(\frac{\mu_i}{\mu_j}\bigwedge\frac{\mu_j}{\mu_i}\right)_{n\times n}\right|,$$

则 $E_{T_P}\geqslant 0$.

证明留作习题.

最后证明 $R_{T_M}(x,y)$ 的情况. 首先给出两个引理.

引理 3.4.1　若 $k_1,k_2,\cdots,k_m$ 是核函数, $\lambda_1>0,\lambda_2>0,\cdots,\lambda_m>0$, 则 $\lambda_1k_1+\lambda_2k_2+\cdots+\lambda_mk_m$ 也是核函数.

证明利用二次型的定义易得.

引理 3.4.2　设 $U=\{x_1,x_2,\cdots,x_n\}, R\subseteq U\times U$ 是一个等价关系, 则 χ_R 是半正定的.

证明　设 $U/R=\{Q_1,Q_2,\cdots,Q_m\}$, 则 $\chi_R(x,y)=\begin{cases}1, & x,y\in Q_p,\\ 0, & x\in Q_p,y\notin Q_p,\end{cases}$ 于是

$$\begin{aligned}\sum_{i,j}c_ic_j\chi_R(x_i,x_j)&=\sum_{p=1}^{m}\sum_{x_i,x_j\in Q_p}c_ic_j\chi_R(x_i,x_j)\\&=\sum_{p=1}^{m}\sum_{x_i,x_j\in Q_p}c_ic_j\cdot 1=\sum_{p=1}^{m}\left(\sum_{x_i\in Q_p}c_i\right)^2\geqslant 0.\end{aligned}$$

定理 3.4.5　设 $U=\{x_1,x_2,\cdots,x_n\}, R$ 是一个模糊等价关系, 则 R 是半正定的.

证明　设 $\{R(x_i,x_j):1\leqslant i,j\leqslant n\}=\{0\leqslant\alpha_1<\alpha_2<\cdots<\alpha_m\leqslant 1\}$. 根据定理 2.3.5 有

$$R(x_i,x_j)=\sum_{l=2}^{m}(\alpha_l-\alpha_{l-1})\chi_{R_{\alpha_l}}(x_i,x_j)+\alpha_1\chi_{R_{\alpha_1}}(x_i,x_j),$$

再由定理 3.3.1、引理 3.4.1 和引理 3.4.2 知结论成立.

3.5　模糊相似关系在监督学习中的应用 (选讲)

模糊相似关系可以用来刻画对象之间的相似程度, 本节介绍模糊相似关系在监督学习中的应用. 监督学习的任务是从训练数据中学习一个模型, 使得模型能够

对任意给定的输入对其相应的输出做出一个好的预测, 这里训练数据由输入 (或特征向量) 与输出 (决策标签) 对组成. 由于在许多的实际问题中人们认识水平和条件的限制, 所得到的数据的特征和决策标签之间具有不一致性, 其主要的表现方式就是两个具有很相似的特征描述的对象却具有不同的决策标签. 对于存在这种特征和决策标签之间不一致性的数据, 根据特征描述不能完全地确定具体的对象是否具有其所被标记的决策标签, 只能得到其具有该决策标签的程度. 也就是说, 根据特征描述可以确定每一个训练样本具有其所标记的决策标签的隶属度. 模糊相似关系提供了一种具体的计算这种隶属度的方法. 下面以监督学习中最基本的二分类问题为例来介绍这种方法及其应用.

设 $U=\{x_1,x_2,\cdots,x_l\}$ 是论域, $C=\{a_1,a_2,\cdots,a_n\}$ 是特征集合用以刻画 U 中的对象, D 是决策标签把训练样本分成取值为 $+1$ 和 -1 的两个集合. 对每个特征 a 如果我们假设其取值在 $[0,1]$ 区间上, 则可以利用 3.4 节的方法构造出一个模糊 T-相似关系 R_a, 令 $R_C=\bigcap_{a\in C}R_a$, 则易证 R_C 仍然是一个模糊 T-相似关系 (证明留作课后习题). 我们可以如下定义每个样本 x 根据特征集合 C 具有其所标记的决策标签的隶属度.

定义 3.5.1 对任意的 $x_i\in U$, 定义

$$s_i=\min\left\{(1-R_C(x_i,\ x_j)^p)^{\frac{1}{p}}:D(x_i)\neq D(x_j),p\geqslant 1\right\}.$$

这里 p 是一个超参数, 通常取值为 1 和 2. 对任意的 $x_i,x_j\in U$, 由于 $R_C(x_i,\ x_j)$ 刻画了 x_i,x_j 的相似程度, 那么 $(1-R_C(x_i,\ x_j)^p)^{\frac{1}{p}}$ 从某种程度上说就刻画了 x_i,x_j 的距离, 因而 s_i 可以解释为 x_i 到所有与其具有不同决策标签的样本的距离的最小值, 即到异类训练样本集合的距离. s_i 的值越小, 说明 x_i 距离异类训练样本集合越近, 也就是说利用已知的特征把 x_i 与异类训练样本区分开难度越大. 以下先介绍如何利用 s_i 来改进二分类问题的支撑向量机算法.

设 A 和 B 分别是决策标签取值为 $+1$ 和 -1 的两个样本集合. A 和 B 在 R^n 中称为线性可分的, 如果存在一个超平面 $\langle w,x\rangle+b=0$ 和 $\delta>0$ 使得对 $x\in A$ 有 $\langle w,x\rangle+b>\delta$, 对 $x\in B$ 有 $\langle w,x\rangle+b<-\delta$. 事实上 δ 可以取值 1, 只需要一个简单的变换, 这个问题留给读者去完成.

如果给定的二分类的训练集合是线性可分的, 那么从直觉上来看应该是处于"正中间" 的那个超平面分类效果最好, 因为该超平面可以接受训练样本最大的局部扰动. 下面我们寻找 "正中间" 的那个分类超平面.

在样本空间中, 划分超平面具有 $\langle w,x\rangle+b=0$ 的形式. 样本空间中任意点 x 到该超平面的距离可写为 $\gamma=\dfrac{|\langle w,x\rangle+b|}{\|w\|}$. 假设 $\langle w,x\rangle+b=0$ 能将训练样本正确分

类, 即 $y_i(\langle w, x_i\rangle + b) \geqslant 1$, 那么距离超平面最近的训练样本使得 $y_i\left(\langle w, x_i\rangle + b\right) = 1$ 成立, 被称为“支持向量”, 两个异类支持向量到超平面距离之和为 $\gamma = \dfrac{2}{\|w\|}$, 被称为“间隔”(margin). “正中间”的那个超平面即为具有最大间隔的超平面. 寻找具有最大间隔的超平面就是要求解下面的优化问题:

$$\begin{aligned}&\max_{w,b} \frac{2}{\|w\|},\\&\text{s.t. } y_i\left(\langle w, x_i\rangle + b\right) \geqslant 1, \quad i = 1, 2, \cdots, l,\end{aligned}$$

这个优化问题显然等价于

$$\begin{aligned}&\min_{w,b} \frac{\|w\|^2}{2},\\&\text{s.t. } y_i\left(\langle w, x_i\rangle + b\right) \geqslant 1, \quad i = 1, 2, \cdots, l.\end{aligned}$$

利用拉格朗日乘子法可得上述优化问题的对偶问题为

$$\begin{aligned}&\max_{\alpha} \sum_{i=1}^{l} \alpha_i - \frac{1}{2}\sum_{i=1}^{l}\sum_{j=1}^{l} \alpha_i\alpha_j y_i y_j \left\langle x_i, x_j\right\rangle,\\&\text{s.t. } \sum_{i=1}^{l} \alpha_i y_i = 0, \quad \alpha_i \geqslant 0, \quad i = 1, 2, \cdots, l.\end{aligned}$$

解出 α_i 后, 求出 w 和 b 即可得到模型 $f(x) = \langle w, x\rangle + b = \sum_{i=1}^{l} \alpha_i y_i \left\langle x_i, x\right\rangle + b$, 这里 α_i 是拉格朗日乘子, 每一个 α_i 对应着一个训练样本 x_i, 非零的 α_i 对应着前述的支持向量.

读者看到这里自然会想到如果给定的数据集不是线性可分的, 那么以上关于线性可分的理论和方法是不是就自然失效了呢? 可以证明, 对于任何一个 n 维空间中的数据集, 如果其不是线性可分的, 必定存在一个映射 Φ 可以把该数据集映射到一个维数大于 n 维的空间中 (可能是无穷维的) 使得该数据集的像集在该高维空间中是线性可分的 (对这个问题的回答可参考文献 [5]), 这样前述的线性可分的理论和方法依然可以发挥作用.

令 $\Phi(x)$ 为经过映射 Φ 得到的 x 在高维空间 H 中的像, 则高维空间 H 中划分超平面可表示为 $\langle w, \Phi(x)\rangle + b = 0$, 最大间隔超平面可以通过下面的优化问题解得到:

$$\begin{aligned}&\min_{w,b} \frac{\|w\|^2}{2},\\&\text{s.t. } y_i\left(\langle w, \Phi(x_i)\rangle + b\right) \geqslant 1, \quad i = 1, 2, \cdots, l,\end{aligned}$$

其对偶问题是

$$\max_{\alpha}\sum_{i=1}^{l}\alpha_i-\frac{1}{2}\sum_{i=1}^{l}\sum_{j=1}^{l}\alpha_i\alpha_j y_i y_j\left\langle\Phi(x_i),\Phi(x_j)\right\rangle_H,$$

$$\text{s.t.}\ \sum_{i=1}^{l}\alpha_i y_i=0,\ \alpha_i\geqslant 0,\quad i=1,2,\cdots,l.$$

可以看到以上对偶问题的求解仅涉及内积 $\left\langle\Phi(x_i),\Phi(x_j)\right\rangle_H$ 的计算而与具体的高维空间的构造无关. 由于所涉及的高维空间维数可能很高, 因此直接计算 $\left\langle\Phi(x_i),\Phi(x_j)\right\rangle_H$ 通常是很难的, 这个问题可以利用 3.4 节介绍的核函数来解决. 由于核函数刻画了高维空间中的内积, 因而只要我们选择了一个合适的核函数 $k(x_i,x_j)=\left\langle\Phi(x_i),\Phi(x_j)\right\rangle_H$, 就可以利用这个核函数作为内积去构造分类器, 从而忽略了具体的高维空间的构造. 于是上述对偶问题的目标函数就转化为

$$\max_{\alpha}\sum_{i=1}^{l}\alpha_i-\frac{1}{2}\sum_{i=1}^{l}\sum_{j=1}^{l}\alpha_i\alpha_j y_i y_j k(x_i,x_j),$$

求解后即可得到

$$f(x)=\langle w,\Phi(x)\rangle+b=\sum_{i=1}^{l}\alpha_i y_i k(x_i,x)+b.$$

在以上的支撑向量机算法中, 特征和决策标签之间的联系被默认为是一致的. 即根据给定的特征, 每个训练样本属于它所在的决策类的程度被认为显然是 1, 这一点可以从支撑向量机算法的优化模型的约束条件看出来. 对每一个样本 x_i, 基于给定的模糊相似关系按照本节前面给出的算法都可以计算出一个 s_i, 反映了样本特征描述与决策标签之间的一致程度. 在前面的支撑向量机算法中, 把优化问题中的目标函数保持不变, 约束条件改为 $y_i(\langle w,\Phi(x_i)\rangle+b)\geqslant s_i, i=1,2,\cdots,l$, 从而得到新的优化问题:

$$\min_{w,b}\frac{\|w\|^2}{2},$$

$$\text{s.t.}\ y_i(\langle w,\Phi(x_i)\rangle+b)\geqslant s_i,\quad i=1,2,\cdots,l.$$

这里 Φ(不需要知道 Φ 的具体形式) 满足 $k(x_i,x_j)=\left\langle\Phi(x_i),\Phi(x_j)\right\rangle_H$, $k(x_i,x_j)$ 是预先选定的正定的模糊 T-相似关系, s_i 由 $k(x_i,x_j)$ 按照定义 3.5.1 来计算.

利用拉格朗日乘子法, 前面的优化问题转化为

$$\max_{\alpha}\sum_{i=1}^{l}s_i\alpha_i-\frac{1}{2}\sum_{i=1}^{l}\sum_{j=1}^{l}\alpha_i\alpha_j y_i y_j k(x_i,x_j),$$

$$\text{s.t.} \sum_{i=1}^{l} \alpha_i y_i = 0, \quad \alpha_i \geqslant 0, \quad i = 1, 2, \cdots, l,$$

求解后即可得到 $f(x) = \sum_{i=1}^{l} \alpha_i y_i k(x_i, x) + b$.

3.6 模糊推理的 CRI 方法和三 I 算法

在 Zadeh 于 1965 年刚刚提出模糊集合的概念的时候, 大多数数学家特别是纯理论的数学家是持怀疑甚至否定态度的, 这是因为模糊集合的思想看起来严重地挑战了经典集合的磐石地位和这些数学家的固定思维. 但是苏联著名数学家 M. 盖尔范德却敏锐地看出 Zadeh 的思想的意义, 并建议 Zadeh 应用模糊集合的方法研究人的自然语言, 显示了深刻的洞察力和卓越的预见性. 1973 年 Zadeh 提出模糊推理的 CRI 方法 (compositional rule of inference), 并建立了假言推理 (modus ponens, MP 规则) 的模糊模型和方法, 开创了模糊逻辑的研究. 下面我们简要介绍 CRI 方法的基本思想, 假设读者已经掌握离散数学中二值逻辑相关的基本概念.

在经典数理逻辑里面 MP 规则是一种最基本的推理方法. MP 规则说的是如果已知命题 A 成立并且已知若命题 A 成立则命题 B 成立, 那么命题 B 成立. 这种推理可以写成下面的算式:

$$\begin{array}{ll} \text{已知} & A \to B \\ \text{且给定} & A \\ \hline \text{则得} & B \end{array}$$

在上式中如果第二行中的 A 与第一行 $A \to B$ 中的 A 不同, 比如把第二行中的 A 换成 A^*, 则得到一个待完成的算式:

$$\begin{array}{ll} \text{已知} & A \to B \\ \text{且给定} & A^* \\ \hline \text{求} & B^* \end{array}$$

从经典逻辑的观点来看上式是个无法回答的病态问题, 因为 A^* 不是 A, 而 A, B, A^* 又是纯形式的符号, MP 规则不能用. 但是当给 A, B, A^* 等赋予某种实际意义并从而可以考虑 A, B, A^* 等的运算以及度量的时候, 就有可能给出 B^* 的求法. 事实上, 这正好是模糊推理要解决的问题. 而 Zadeh 的 CRI 方法是最原始的、最具有代表性的一种方法. 其基本思想如下:

(1) 把 A, B, A^* 以及待求的 B^* 都用模糊集合来表示, 即令 $A, A^* \in F(U), B, B^* \in F(V)$. 这时候表示各模糊命题的符号就可以进行运算了.

(2) 把蕴涵式 $A \to B$ 通过蕴涵算子转化成一个 $U \times V$ 上的模糊关系 R. 常用的蕴涵算子主要有以下几种:

① $R_Z(a,b) = (1-a)\bigvee(a\bigwedge b)$;

② $R_L(a,b) = (1-a+b)\bigwedge 1$;

③ $R_M(a,b) = a\bigwedge b$;

④ $R_0(a,b) = \begin{cases} 1, & a \leqslant b, \\ (1-a)\bigvee b, & a > b. \end{cases}$

比如利用 R_Z 就有: $R(x,y) = R_Z(A(x), B(y)) = A^{\mathrm{C}}(x)\bigvee(A(x)\bigwedge B(y))$.

(3) 把给定的 A^* 与上一步得到的 R 进行合成运算即可得 $B^* = A^* \circ R$, Zadeh 给出的合成算法是 $B^*(y) = \sup_{x\in U}(A^*(x)\bigwedge R_Z(A(x), B(y)))$.

简单地说, CRI 算法的基本思想是: 用模糊集合表示模糊命题, 把蕴涵式转化为模糊关系, 然后将输入与模糊关系合成即得输出. 模糊关系生成的方法有很多种, 我们在第二步里给出的是常用的四种方法. 下面看几个例子.

例 3.6.1 设 $A, A^* \in F(U), B, B^* \in F(V)$, 这里 $U = V = [0,1], A(x) = \dfrac{x+1}{3}, B(y) = 1-y$, $A^*(x) = 1-x$, 用 Zadeh 的 CRI 方法求 B^*.

解
$$B^*(y) = \sup_{x\in[0,1]}\left\{(1-x)\bigwedge\left[\frac{2-x}{3}\bigvee\left(\frac{x+1}{3}\bigwedge(1-y)\right)\right]\right\}.$$

当 $x \geqslant \dfrac{1}{2}$ 时, 有 $1-x \leqslant \dfrac{2-x}{3} \leqslant \dfrac{x+1}{3}$, 所以

$$\sup_{x\geqslant\frac{1}{2}}\left\{(1-x)\bigwedge\left[\frac{2-x}{3}\bigvee\left(\frac{x+1}{3}\bigwedge(1-y)\right)\right]\right\} = \sup_{x\geqslant\frac{1}{2}}(1-x) = \frac{1}{2};$$

又当 $x < \dfrac{1}{2}$ 时, 有 $1-x > \dfrac{2-x}{3} > \dfrac{x+1}{3}$, 所以

$$\sup_{x<\frac{1}{2}}\left\{(1-x)\bigwedge\left[\frac{2-x}{3}\bigvee\left(\frac{x+1}{3}\bigwedge(1-y)\right)\right]\right\} = \sup_{x<\frac{1}{2}}\frac{2-x}{3} = \frac{2}{3}.$$

因此 $B^*(y) = \dfrac{2}{3}$.

例 3.6.2 设 $A, A^* \in F(U), B, B^* \in F(V)$, 这里 $U = V = [0,1], A(x) = \dfrac{x+1}{3}, B(y) = 1-y$, $A^*(x) = 1-x$, 模糊关系由 R_L 生成, 求 B^*.

解 这时 $R(x,y) = R_L(A(x), B(y)) = (1-A(x)+B(y))\bigwedge 1$, 可得

$$B^*(y) = \sup_{x\in[0,1]}\left\{(1-x)\bigwedge\left[\frac{2-x}{3}+(1-y)\right]\bigwedge 1\right\}$$

$$= \left[\frac{2}{3} + (1-y)\right] \bigwedge 1 = \begin{cases} \frac{5}{3} - y, & y \geqslant \frac{2}{3}, \\ 1, & y < \frac{2}{3}. \end{cases}$$

例 3.6.3 设 $A, A^* \in F(U), B, B^* \in F(V)$, 这里 $U = V = [0,1], A(x) = \frac{x+1}{3}, B(y) = 1-y$, $A^*(x) = 1-x$, 模糊关系由 R_M 生成, 求 B^*.

解
$$B^*(y) = \sup_{x\in[0,1]} \left\{(1-x) \bigwedge \frac{x+1}{3} \bigwedge (1-y)\right\}.$$

当 $x \geqslant \frac{1}{2}$ 时, 有 $1-x \leqslant \frac{x+1}{3}$, 所以

$$\begin{aligned} &\sup_{x\geqslant\frac{1}{2}} \left\{(1-x) \bigwedge \frac{x+1}{3} \bigwedge (1-y)\right\} \\ =&\sup_{x\geqslant\frac{1}{2}} \{(1-x) \bigwedge (1-y)\} = \frac{1}{2} \bigwedge (1-y); \end{aligned}$$

又当 $x < \frac{1}{2}$ 时, 有 $1-x > \frac{x+1}{3}$, 所以

$$\begin{aligned} &\sup_{x<\frac{1}{2}} \left\{(1-x) \bigwedge \frac{x+1}{3} \bigwedge (1-y)\right\} \\ =&\sup_{x<\frac{1}{2}} \left\{\frac{x+1}{3} \bigwedge (1-y)\right\} = \frac{1}{2} \bigwedge (1-y). \end{aligned}$$

所以 $B^*(y) = \frac{1}{2} \bigwedge (1-y)$.

由以上几个例子可看出, 采取不同的算子生成不同的模糊关系得到的推理结果会有很大的不同. 这个恰恰是模糊推理符合人的推理过程的特点, 因为即便是在同一前提下, 不同的人当然会有不同的甚至很大的差异的判断.

自从 Zadeh 提出了模糊推理的 CRI 方法之后, 许多研究者提出了各种各样的模糊推理方法. 下面介绍文献 [3] 中由我国学者王国俊教授提出来的三 I 算法.

在 CRI 方法的模型中, $R(x,y) = R_Z(A(x), B(y))$ 从整体上对各种可能的 x 和 y 反映了 A 蕴涵 B 的程度. 当给定 A^* 去求 B^* 时, CRI 方法没有考虑 $A^* \to B^*$ 及其与 $A \to B$ 之间应有的关系. 事实上, $A^* \to B^*$ 是由 $A \to B$ 而来, 因而两者之间应当满足最大可能的蕴涵关系, 亦即对任意的 $(x,y) \in U \times V, (A \to B) \to (A^* \to B^*)$ 的值越大越好, 也就是说要求的 B^* 应当对一切可能的 x 和 y 使得 $(A(x) \to B(y)) \to (A^*(x) \to B^*(y))$ 取得最大值. 事实上这样的 B^* 很多, 比如, 如果蕴涵运算 $\to$ 满足当 $a \leqslant b$ 时 $a \to b = 1$, 则容易验证 $B^*(y) \equiv 1$ 即满

足要求, 这样的 B^* 显然没有意义. 因此要求 B^* 是使得 $(A \to B) \to (A^* \to B^*)$ 取得最大值的最小模糊集. 由于 $(A \to B) \to (A^* \to B^*)$ 中有三重蕴涵运算, 因此这种方法称为三 I 算法. 基于蕴涵算子 R_Z 的三 I 算法的计算公式为

$$B^*(y) = \sup_{\substack{x \in E_y \\ R_Z(A(x),B(y)) > \frac{1}{2}}} \left(A^*(x) \bigwedge R_Z(A(x), B(y))\right),$$

这里 $E_y = \{x \in X : (1 - A^*(x)) < R_Z(A(x), B(y))\}$.

显然由上式求出的 B^* 被由 CRI 方法求出的 B^* 所包含. 我们看下面的例子.

例 3.6.4 设 U, V, A, B, A^* 同例 3.6.1, 按三 I 算法求 B^*.

解 由 $1 - A^*(x) = x$, $R_Z(A(x), B(y)) = \dfrac{2-x}{3} \bigvee \left(\dfrac{x+1}{3} \bigwedge (1-y)\right)$ 得 $E_y = \left\{x \in [0,1] : x < \dfrac{2-x}{3} \bigvee \left(\dfrac{x+1}{3} \bigwedge (1-y)\right)\right\}$. 由 $x < \dfrac{2-x}{3}$ 得 $x < \dfrac{1}{2}$. 由 $x < \left(\dfrac{x+1}{3} \bigwedge (1-y)\right)$ 得 $x < \dfrac{1}{2}$ 且 $x < 1-y$. 因而 $E_y = \left\{x \in [0,1] : x < \dfrac{1}{2}\right\}$. 当 $x < \dfrac{1}{2}$ 时, $1 - x > \dfrac{2-x}{3} > \dfrac{x+1}{3}$, 因而 $R_Z(A(x), B(y)) = \dfrac{2-x}{3} > \dfrac{1}{2}$. 所以

$$B^*(y) = \sup_{x < \frac{1}{2}} \left\{(1-x) \bigwedge \left(\frac{2-x}{3} \bigvee \left(\frac{x+1}{3} \bigwedge (1-y)\right)\right)\right\} = \sup_{x < \frac{1}{2}} \frac{2-x}{3} = \frac{2}{3}.$$

例 3.6.5 设 $U = V = [0,1]$, $A(x) = x, B(y) \equiv 0, A^*(x) = x$, 分别用 CRI 方法和三 I 算法求 B^*.

解 $R_Z(A(x), B(y)) = (1-x) \bigvee (x \bigwedge 0) = 1-x$. 按照 CRI 方法有 $B^*(y) = \sup_{x \in [0,1]} (x \bigwedge (1-x)) = \dfrac{1}{2}$. 而 $E_y = \{x \in [0,1] :\ 1-x < 1-x\} = \varnothing$, 所以按照三 I 算法 $B^*(y) \equiv 0$.

在三 I 算法的公式中可以用其他类型的蕴涵算子代替蕴涵算子 R_Z, 从而得到不同的模糊推理算法, 有兴趣的读者可以参考文献 [3].

3.7 模糊关系方程

设有模糊矩阵 $A = (a_{ij})_{m \times l}, B = (b_{ij})_{m \times n}$, 求模糊矩阵 $X = (x_{ij})_{l \times n}$ 使得 $A \circ X = B$. 这个问题即模糊关系方程的求解问题. 模糊数学的许多应用问题都会归结或涉及模糊关系方程的求解问题, 这一节主要介绍模糊关系方程的求解方法.

模糊关系方程还有另一种形式: $X \circ A = B$, 此时可以在等式两边取转置可得 $A^{\mathrm{T}} \circ X^{\mathrm{T}} = B^{\mathrm{T}}$, 因而只需要关注方程 $A \circ X = B$ 的求解即可.

令 $X=(\mathfrak{x}_1,\mathfrak{x}_2,\cdots,\mathfrak{x}_n), B=(\mathfrak{b}_1,\mathfrak{b}_2,\cdots,\mathfrak{b}_n)$, 则有 $A\circ(\mathfrak{x}_1,\mathfrak{x}_2,\cdots,\mathfrak{x}_n)=(\mathfrak{b}_1,\mathfrak{b}_2,\cdots,\mathfrak{b}_n)$, 即 $A\circ\mathfrak{x}_i=\mathfrak{b}_i, i=1,2,\cdots,n$.

显然 $A\circ X=B$ 有解当且仅当每一个 $A\circ\mathfrak{x}_i=\mathfrak{b}_i$ 都有解, $i=1,2,\cdots,n$. 因而只需要研究 $A\circ\mathfrak{x}=\mathfrak{b}$ 的求解即可.

令 $A=(a_{ij})_{m\times n}, \mathfrak{x}=(x_1,x_2,\cdots,x_n)^{\mathrm{T}}, \mathfrak{b}=(b_1,b_2,\cdots,b_m)^{\mathrm{T}}$, 则 $A\circ\mathfrak{x}=\mathfrak{b}$ 可写成

$$\begin{pmatrix} a_{11} & a_{12} & \cdots & a_{1n} \\ a_{21} & a_{22} & \cdots & a_{2n} \\ \vdots & \vdots & & \vdots \\ a_{m1} & a_{m2} & \cdots & a_{mn} \end{pmatrix}\circ\begin{pmatrix} x_1 \\ x_2 \\ \vdots \\ x_n \end{pmatrix}=\begin{pmatrix} b_1 \\ b_2 \\ \vdots \\ b_m \end{pmatrix},$$

展开可得 $$\begin{cases} (a_{11}\bigwedge x_1)\bigvee(a_{12}\bigwedge x_2)\bigvee\cdots\bigvee(a_{1n}\bigwedge x_n)=b_1, \\ (a_{21}\bigwedge x_1)\bigvee(a_{22}\bigwedge x_2)\bigvee\cdots\bigvee(a_{2n}\bigwedge x_n)=b_2, \\ \cdots\cdots \\ (a_{m1}\bigwedge x_1)\bigvee(a_{m2}\bigwedge x_2)\bigvee\cdots\bigvee(a_{mn}\bigwedge x_n)=b_m. \end{cases}$$

为了研究此类模糊关系方程的求解问题先来看最简单模糊关系方程的情况. 此时方程的形式为只有一个方程一个变量, 即具有 $a\bigwedge x=b$ 的形式, 这个方程的解的表达式如下:

$$x=\begin{cases} b, & a>b, \\ [b,1], & a=b, \\ \varnothing, & a<b. \end{cases}$$

据此可以总结出: ① 方程的解一般以集合的形式出现; ② 因而解一般是不唯一的; ③ 当然方程有可能无解.

定理 3.7.1 *令 X_k 是方程 $A\circ X=B$ 的解, $k=1,2,\cdots,s$, 则 $\bigcup_{k=1}^{s}X_k$ 仍是原方程的解.*

定理 3.7.2 *令 X_1,X_2 是方程 $A\circ X=B$ 的解满足 $X_1\subseteq X_2$, 对任意的模糊矩阵 X^*, 如果满足 $X_1\subseteq X^*\subseteq X_2$, 则 X^* 依然是方程 $A\circ X=B$ 的解.*

定理的证明留作习题.

根据以上两个定理我们知道一个模糊关系方程如果有解一定有最大解, 但是一般没有最小解, 只有极小解, 包含极小解且被极大解包含的模糊集合仍然是方程的解. 因而求解模糊关系方程的问题就等价于求其最大解和所有的极小解. 限于篇幅, 接下来只介绍模糊关系方程的解法而略去这些结论的证明. 首先介绍求最大解的算法.

令 $\alpha(a,b)=\begin{cases}1, & a\leqslant b,\\ b, & a>b,\end{cases}$ 称 $\mathfrak{c}=(c_1,c_2,\cdots,c_n)^{\mathrm{T}}$ 为方程 $A\circ\mathfrak{x}=\mathfrak{b}$ 的拟最大解, 其中 $c_j=\bigwedge_{i=1}^{m}\alpha(a_{ij},b)$. 则方程 $A\circ\mathfrak{x}=\mathfrak{b}$ 有解的充要条件是 $A\circ\mathfrak{c}=\mathfrak{b}$, 且若 $A\circ\mathfrak{x}=\mathfrak{b}$ 有解, 其拟最大解就是其最大解. 可以用下面图表法来求拟最大解 (表 3.7.1).

表 3.7.1　求拟极大解图表法

A				$\mathfrak{b}$	c_1	c_2	$\cdots$	c_n
a_{11}	a_{12}	$\cdots$	a_{1n}	b_1	$\alpha(a_{11},b)$	$\alpha(a_{12},b)$	$\cdots$	$\alpha(a_{1n},b)$
a_{21}	a_{22}	$\cdots$	a_{2n}	b_2	$\alpha(a_{21},b)$	$\alpha(a_{22},b)$	$\cdots$	$\alpha(a_{2n},b)$
$\vdots$	$\vdots$		$\vdots$	$\vdots$	$\vdots$	$\vdots$		$\vdots$
a_{m1}	a_{m2}	$\cdots$	a_{mn}	b_m	$\alpha(a_{m1},b)$	$\alpha(a_{m2},b)$	$\cdots$	$\alpha(a_{mn},b)$

例 3.7.1　令 $A=\begin{pmatrix}0.3 & 0.2 & 0.7 & 0.8\\ 0.5 & 0.4 & 0.4 & 0.9\\ 0.7 & 0.3 & 0.2 & 0.7\\ 0.9 & 0.6 & 0.1 & 0.2\\ 0.8 & 0.5 & 0.6 & 0.4\end{pmatrix}$, $x=\begin{pmatrix}x_1\\ x_2\\ x_3\\ x_4\end{pmatrix}$, $\mathfrak{b}=\begin{pmatrix}0.7\\ 0.4\\ 0.4\\ 0.3\\ 0.6\end{pmatrix}$, 则有表 3.7.2.

表 3.7.2

A				$\mathfrak{b}$	0.3	0.3	1	0.4
0.3	0.2	0.7	0.8	0.7	1	1	1	0.7
0.5	0 .4	0 .4	0 .9	0.4	0.4	1	1	0 .4
0.7	0 .3	0 .2	0 .7	0.4	0.4	1	1	0.4
0.9	0 .6	0 .1	0 .2	0.3	0.3	0 .3	1	1
0.8	0 .5	0 .6	0 .4	0.6	0.6	1	1	1

故有拟最大解 $\mathfrak{c}=(0.3,0.3,1,0.4)^{\mathrm{T}}$, 可以验证 $A\circ\mathfrak{c}=\mathfrak{b}$, 因而方程有解且以 $\mathfrak{c}=(0.3,\ 0.3,1,0.4)^{\mathrm{T}}$ 为最大解.

例 3.7.2　考察方程 $\begin{pmatrix}0.1 & 0.4\\ 0.2 & 0.1\end{pmatrix}\circ\begin{pmatrix}x_1\\ x_2\end{pmatrix}=\begin{pmatrix}0.2\\ 0.3\end{pmatrix}$, 可得拟最大解为 $\mathfrak{c}=(1,0.2)^{\mathrm{T}}$, 但是其不满足方程, 因而原方程无解.

在方程 $A\circ\mathfrak{x}=\mathfrak{b}$ 中, 如果 $\mathfrak{b}=0$, 则 $\mathfrak{x}=0$ 显然是 $A\circ\mathfrak{x}=\mathfrak{b}$ 的解, 且是最小解, 因而此时只需求出最大解即可. 以下假设 $\mathfrak{b}\neq 0$, 如果方程有解, 其极小解一般不

唯一, 因而如果求出了最大解, 还需要求出全部的极小解, 然后将这些极小解分别与最大解组合即可得出方程的解集. 下面给出求极小解的方法.

设 $\mathfrak{c} = (c_1, c_2, \ldots, c_n)^{\mathrm{T}}$ 为方程 $A \circ \mathfrak{x} = \mathfrak{b}$ 的拟最大解, 定义矩阵 $A^0 = \left(a_{ij}^0\right)_{m\times n}$, 其中, $a_{ij}^0 = \begin{cases} b_i, & a_{ij} \bigwedge c_j \geqslant b_i, \\ 0, & a_{ij} \bigwedge c_j < b_i. \end{cases}$ 称 A^0 为方程 $A \circ \mathfrak{x} = \mathfrak{b}$ 的判别矩阵, 方程 $A \circ \mathfrak{x} = \mathfrak{b}$ 有解的充要条件是 A^0 的每行都有非零元素. 有如下的图表法来求 A^0(表 3.7.3).

表 3.7.3 求判别矩阵图表法

c_1	c_2	$\cdots$	c_n	$\mathfrak{b}$	A^0			
a_{11}	a_{12}	$\cdots$	a_{1n}	b_1	a_{11}^0	a_{12}^0	$\cdots$	a_{1n}^0
a_{21}	a_{22}	$\cdots$	a_{2n}	b_2	a_{21}^0	a_{22}^0	$\cdots$	a_{2n}^0
$\vdots$	$\vdots$		$\vdots$	$\vdots$	$\vdots$	$\vdots$		$\vdots$
a_{m1}	a_{m2}	$\cdots$	a_{mn}	b_m	a_{m1}^0	a_{m2}^0	$\cdots$	a_{mn}^0

在判别矩阵 A^0 的每行中任取一个非零元素, 把该行中其余的元素置为零, 这样可得若干个矩阵, 称之为过渡矩阵, 对每个过渡矩阵取其第 i 列的最大值作为新向量的第 i 个分量, 则由此构造出的新向量包含了方程 $A\circ\mathfrak{x}=\mathfrak{b}$ 的全部极小解, 对这些向量进行筛选只保留那些极小的向量, 则这些极小向量就是 $A \circ \mathfrak{x} =\mathfrak{b}$ 的全部极小解. 把求得的极小解与前面求得的最大解分别组合就得到了 $A \circ \mathfrak{x} =\mathfrak{b}$ 的解集. 我们继续例 3.7.1 来示范这一解法的流程.

例 3.7.3 继续前面的例 3.7.1. 已知最大解为 $\mathfrak{c} = (0.3, 0.3, 1, 0.4)^{\mathrm{T}}$, 可得判别矩阵如下

$$A^0 = \begin{pmatrix} 0 & 0 & 0.7 & 0 \\ 0 & 0 & 0.4 & 0.4 \\ 0 & 0 & 0 & 0.4 \\ 0.3 & 0.3 & 0 & 0 \\ 0 & 0 & 0.6 & 0 \end{pmatrix},$$

构造过渡矩阵如下:

$$\begin{pmatrix} 0 & 0 & 0.7 & 0 \\ 0 & 0 & 0.4 & 0 \\ 0 & 0 & 0 & 0.4 \\ 0.3 & 0 & 0 & 0 \\ 0 & 0 & 0.6 & 0 \end{pmatrix}, \quad \begin{pmatrix} 0 & 0 & 0.7 & 0 \\ 0 & 0 & 0 & 0.4 \\ 0 & 0 & 0 & 0.4 \\ 0.3 & 0 & 0 & 0 \\ 0 & 0 & 0.6 & 0 \end{pmatrix},$$

$$\begin{pmatrix} 0 & 0 & 0.7 & 0 \\ 0 & 0 & 0.4 & 0 \\ 0 & 0 & 0 & 0.4 \\ 0 & 0.3 & 0 & 0 \\ 0 & 0 & 0.6 & 0 \end{pmatrix}, \quad \begin{pmatrix} 0 & 0 & 0.7 & 0 \\ 0 & 0 & 0 & 0.4 \\ 0 & 0 & 0 & 0.4 \\ 0 & 0.3 & 0 & 0 \\ 0 & 0 & 0.6 & 0 \end{pmatrix},$$

取每一列的最大元素得到四个拟极小解如下:

$$\mathfrak{x}_1 = (0.3, 0, 0.7, 0.4)^{\mathrm{T}}, \quad \mathfrak{x}_2 = (0.3, 0, 0.7, 0.4)^{\mathrm{T}},$$
$$\mathfrak{x}_3 = (0, 0.3, 0.7, 0.4)^{\mathrm{T}}, \quad \mathfrak{x}_4 = (0, 0.3, 0.7, 0.4)^{\mathrm{T}}.$$

得到不重复的极小解如下:

$$\mathfrak{x}_1 = (0.3, 0, 0.7, 0.4)^{\mathrm{T}}, \quad \mathfrak{x}_3 = (0, 0.3, 0.7, 0.4)^{\mathrm{T}},$$

分别与最大解进行组合得到原方程的解集:

$$\mathfrak{x} = (0.3, [0, 0.3], [0.7, 1], 0.4)^{\mathrm{T}} \bigcup ([0, 0.3], 0.3, [0.7, 1], 0.4)^{\mathrm{T}}.$$

习 题 3

1. 举一个模糊关系的例子, 要求同第 2 章习题 1.

2. 证明 $(R \circ S)_\lambda \supseteq R_\lambda \circ S_\lambda \supseteq (R \circ S)_{\underline{\lambda}}$.

3. 设 $R = \begin{pmatrix} 0.7 & 0.4 & 0.1 & 1 \\ 0.8 & 0.3 & 0.6 & 0.3 \\ 0.4 & 0.7 & 0.2 & 0.9 \end{pmatrix}$, $S = \begin{pmatrix} 0.6 & 0.5 \\ 0.2 & 0.8 \\ 0.9 & 0.3 \\ 0.8 & 1 \end{pmatrix}$, 求 $R \circ S$.

4. 设 $R(u, v) = e^{-k(u-v)^2}, k > 0$, 求 R^2.

5. 证明定理 3.2.2.

6. 设 $R = \begin{pmatrix} 1 & 0.4 & 0.9 & 0.6 \\ 0.4 & 1 & 0.7 & 0.5 \\ 0.9 & 0.7 & 1 & 0.8 \\ 0.6 & 0.5 & 0.8 & 1 \end{pmatrix}$, 求 $\overline{R}$.

7. 设 R 是自反的模糊矩阵, 证明 $R \subseteq R^2 \subseteq R^3 \subseteq \cdots \subseteq R^n \subseteq \cdots$.

8. 设 R, S 是对称的模糊矩阵, 证明 $R \circ S$ 对称的充要条件是 $R \circ S = S \circ R$.

9. 设 R 是模糊等价关系, 证明对任意的 $x,y,z \in U$, 若 $R(x,z) > R(z,y)$, 则 $R(x,y) = R(z,y)$.

10. 设 $\{R_t : t \in \mathrm{T}\}$ 是一族模糊 T- 相似关系, 则 $\bigcap_{t\in\mathrm{T}} R_t$ 是一个 T- 模糊相似关系.

11. 设有四种产品 $\{u_1,u_2,u_3,u_4\}$, 给定它们的指标如下: $u_1 = \{37,38,12,16,13,12\}$, $u_2 = \{69,73,74,22,64,17\}$, $u_3 = \{73,86,49,27,68,39\}$, $u_4 = \{57,58,64,84,63,28\}$, 试用例 3.3.1 中的方法对这四种产品进行聚类.

12. 证明定理 3.4.4.

13. 如果用蕴涵算子 R_0 代替蕴涵算子 R_Z, 可得基于 R_0 的三 I 算法如下:

$$B^*(y) = \sup_{x\in E_y} \left(A^*(x) \wedge R_0(A(x), B(y))\right),$$

这里 $E_y = \{x \in X : (1 - A^*(x)) < R_0(A(x), B(y))\}$. 设 U, V, A, B, A^* 同例 3.5.1, 按基于 R_0 的三 I 算法求 B^*.

14. 证明定理 3.7.1 和定理 3.7.2.

第 4 章　Pawlak 粗糙集与属性约简

4.1　决策系统与决策规则

在当今信息社会, 互联网和物联网技术得到普遍推广. 许多行业快速积累了大量的数据, 并且描述数据的特征信息越来越丰富. 如何从海量杂乱的数据中提取有价值的知识是当前大数据分析的重要任务. 一般来说数据中隐藏的知识不是明显的, 需要把它们通过某种途径表示出来呈现在我们面前, 这种知识的表示方式应该易于符号化, 从而有利于编写算法并写成程序便于计算机执行, 因而就需要研究如何表示和提取数据中所蕴涵知识的数学理论与方法.

大数据分析的难度不仅在于数据规模庞大, 更在于海量数据中存在各种不确定性. 在目前各种数据挖掘的方法中, 粗糙集理论是一种有效的处理不确定性的数学工具. 下面通过一个例子来介绍利用粗糙集理论与方法产生的具体背景, 以及利用它来处理数据的基本出发点. 首先看表 4.1.1 给出的例子.

表 4.1.1　感冒样本的例子

病人	头痛	肌肉痛	体温	流感
e_1	Y	Y	正常	N
e_2	Y	Y	高	Y
e_3	Y	Y	很高	Y
e_4	N	Y	正常	N
e_5	N	N	高	N
e_6	N	Y	很高	Y
e_7	N	N	高	Y
e_8	N	Y	很高	N

表 4.1.1 给出了一个流感诊断的数据表, 共有八个对象接受诊断是否得了流感. 每个对象具体体现的症状有三个：是否头痛、是否肌肉痛和体温是否正常, 最后的决策结果是一部分人得了流感, 另一部分人没得流感 (可能得了其他的疾病如肺炎). 事实上, 表 4.1.1 的形式是目前常用的数据表示方式, 即数据表里把所有的样例排成第一列, 刻画这些样例的属性排成第一行, 每个样例与每个属性的行与列的交叉点即该样例对该属性的取值. 给定了这样一个数据表, 我们的目的就是从这个数据表中挖掘潜在的能够为我们所用的知识. 大家可能会有个疑问, 这么简单的数据表不需要任何数学工具来研究, 手工就能分析出数据中蕴涵的信息. 但如果

我们面临的是一个有上亿样本并且每个样本都有几万个属性来刻画的数据集, 那么手工就无法完成此类数据集的分析任务, 就需要使用计算机来替我们做挖掘知识的工作.

首先研究如何利用数学方法表示如上数据表中蕴涵的潜在知识. 一般地, 把如表 4.1.1 形式的数据集合称为一个信息系统, 利用信息系统可以把数据结构清晰地表示出来, 从而易于挖掘数据表中隐含的知识. 信息系统表示为一个二元组 (U, A), 这里 $U = \{x_1, x_2, \cdots, x_n\}$ 是一个非空有限论域, $A = \{a_1, a_2, \cdots, a_m\}$ 是一个非空属性集合. 这里论域就是指实际问题所涉及对象的全体, 比如在表 4.1.1 中就是指 e_1 到 e_8 这八个观察到的个体. "头痛"、"肌肉痛"、"体温" 和 "流感" 就构成了属性集合. 如果论域中每一个对象对每一个属性只取一个离散值 (或称符号值), 则称此类信息系统为完备的. 在完备的信息系统中, 每一个属性可以把论域划分成不相交的几个集合, 每一个集合由对该属性取值相同的对象组成, 这样在具体的信息系统中这些不相交的集合都有具体的内涵, 同时其外延也是明确的, 因此这样的集合可以看成一个概念. 比如 "患流感" 指的就是经过诊断确诊为流感, 所涉及的对象就是集合 $\{e_2, e_3, e_6, e_7\}$, 其内涵和外延是清楚的. 如果把信息系统中的属性集合分成两部分, 一部分为条件属性集合 C, 另一部分为决策属性 D, 这种信息系统通常称为决策系统或者决策表, 记为 $(U, C \bigcup D)$. 表 4.1.1 就是一个完备决策系统的例子. 在一个决策系统中如果把每一条样例的条件属性值部分作为规则的前件, 把决策属性值部分作为规则的后件, 那么每一条样例都可以看成一条决策规则. 这样对一个决策系统我们就可以用决策规则的形式把蕴涵在知识中的潜在信息表示出来. 也就是说, 对于完备决策系统, 知识的表示方式通过提取决策规则实现.

在一个完备决策系统中, 对任意两个对象, 如果它们的条件属性取值相同, 则它们的决策属性取值也相同, 称这样的决策系统是一致的. 在一致决策系统中没有矛盾样例存在, 从而提取的每一条决策规则都是确定性的, 如果仅仅从数据本身出发不考虑其他的因素, 这些确定性规则的置信度为百分百.

但是在现实世界中我们常常会遇到矛盾的现象, 两个看起来很相似甚至完全一样的个体相对于某种决策却有着完全不同的结论. 比如表 4.1.1 中的 e_5 和 e_7 两个患者表现出的症状一样, 但是诊断结果却完全不同. 矛盾样例所代表的规则不再是确定性规则, 只能是可能性规则. 为了能够定性地乃至进一步定量地刻画数据中客观存在的这种不一致性, 1982 年波兰数学家 Z. Pawlak 提出了粗糙集理论, 其目的就是从不一致完备决策系统中提取确定性规则和可能性规则. 描述决策系统中的不一致性是粗糙集理论最本质的特征.

下面通过表 4.1.1 中的例子介绍如何度量这种不一致性并且导出粗糙集理论中的基本概念.

在表 4.1.1 中, 每个属性都对论域进行了划分从而得到了关于论域的四个由概念组成的知识, 我们把这四个知识罗列如下:

头痛: 头痛, 所对应的概念的外延集合为 $\{e_1, e_2, e_3\}$; 不头痛, 所对应的概念的外延集合为 $\{e_4, e_5, e_6, e_7, e_8\}$.

肌肉痛: 肌肉痛, 所对应的概念的外延集合为 $\{e_1, e_2, e_3, e_4, e_6, e_8\}$; 肌肉不痛, 所对应的概念的外延集合为 $\{e_5, e_7\}$.

体温: 正常, 所对应的概念的外延集合为 $\{e_1, e_4\}$; 高, 所对应的概念的外延集合为 $\{e_2, e_5, e_7\}$; 偏高, 所对应的概念的外延集合为 $\{e_3, e_6, e_8\}$.

流感: 是流感, 所对应的概念的外延集合为 $\{e_2, e_3, e_6, e_7\}$; 不是流感, 所对应的概念的外延集合为 $\{e_1, e_4, e_5, e_8\}$.

容易看出, 每一个属性所得到的概念的外延集合对论域形成了一个划分. 对每一个划分都有一个等价关系与之对应, 其中所有概念的外延集合就是对应等价关系的全部等价类, 即具有相同属性值的对象看成等价的. 如果假设条件属性 "头痛"、"肌肉痛" 和 "体温" 所对应的等价关系分别是 R_1, R_2 和 R_3, 决策属性"流感"所对应的等价关系是 D, 我们就实现了第一步, 把每个属性都利用数学符号表示出来.

如果同时考虑三个条件属性对所有对象的描述, 同样可以形成论域上的一个划分: $\{e_1\}, \{e_2\}, \{e_3\}, \{e_4\}, \{e_5, e_7\}, \{e_6, e_8\}$, 这里每一个集合仍然代表一个概念. 比如集合 $\{e_1\}$ 就表示概念 "(头痛,Y)$\bigwedge$(肌肉痛,Y)$\bigwedge$(体温, 正常)", 这里连接符号 $\bigwedge$ 表示 "且". 同样地, 这个划分也对应着一个等价关系 R, 易证 $R = R_1 \bigcap R_2 \bigcap R_3$, 等价类之间也有着同样的关系, 即 $[x]_R = [x]_{R_1} \bigcap [x]_{R_2} \bigcap [x]_{R_3}$. 这样就把同时考虑多个属性对论域划分的过程也用数学符号表示出来了.

如果把对每个样例条件属性描述的部分作为前件, 决策属性描述的部分作为后件, 那么决策系统中每一条样例都对应着一条具体的决策规则. 比如, 样例 e_1 就对应着决策规则:

$$(\text{头痛}, \mathrm{Y}) \bigwedge (\text{肌肉痛}, \mathrm{Y}) \bigwedge (\text{体温}, \text{正常}) \Longrightarrow (\text{流感}, \mathrm{N});$$

而样例 e_7 就对应着决策规则:

$$(\text{头痛}, \mathrm{N}) \bigwedge (\text{肌肉痛}, \mathrm{N}) \bigwedge (\text{体温}, \text{高}) \Longrightarrow (\text{流感}, \mathrm{Y}).$$

对一个决策系统 $(U, C \bigcup D)$, 样例 x 所对应决策规则的一般形式为

$$(a_1, a_1(x)) \bigwedge (a_2, a_2(x)) \bigwedge \cdots \bigwedge (a_m, a_m(x)) \to (d, d(x)).$$

这里 $a_1, a_2, \cdots, a_m \in C$, $d \in D$, $a_i(x)$ 表示样例 x 对属性 a_i 的取值. 如果决策系统是一致的, 那么每一条规则都是确定性的, 单纯从数据的角度看其置信度是百分百. 但是对于不一致决策系统来说, 由于有矛盾样例存在, 每一条规则的置信度就不一定是百分百了. 比如, 前面给出的样例 e_7 所对应的决策规则的置信度就不是百分百, 称这样的规则为可能性规则. 如果用等价关系 R 表示全部条件属性决定的等价关系, D 表示决策属性决定的等价关系, 则样例 x 所对应决策规则的置信度可以用数学公式 $\dfrac{|[x]_R \bigcap [x]_D|}{|[x]_R|}$ 来表示, 这里 $|X|$ 表示集合 X 中的元素个数. 置信度等于 1 表明该规则是确定性规则, 否则是可能性规则.

以上提取规则的过程完全从数据本身出发, 也就是说只要给了数据就可以进行规则提取而不需要领域专家的指导, 提取到的知识可以直接用于解决实际问题. 这恰恰是粗糙集理论的优点, 即不需要任何对所研究问题的先验知识就可以从数据中发现知识. 当然使用这种方法的时候并不排斥专业领域知识, 如果能够和专业领域知识相结合去解决实际问题会取得更好的效果.

4.2　集合的上、下近似

4.1 节介绍了如何从不一致的决策系统中提取确定性和可能性规则, 以及如何计算可能性规则的置信度, 我们还发现可以利用数学符号把这两个过程表示出来, 但是这种表示还是初步的, 还没有把规则提取过程抽象成数学概念加以系统化研究. 4.1 节在对表 4.1.1 中的数据进行分析的过程中可以得到以下事实：如果样例 x 所对应的决策规则是确定性的, 则 $[x]_R \subseteq [x]_D$; 如果样例 x 所对应的决策规则是可能性的, 则只有 $[x]_R \bigcap [x]_D \neq \varnothing$. 这个事实启发我们利用决策属性的等价类和条件属性的等价类之间的包含关系来表示确定性规则和可能性规则, 于是就有了本节介绍的粗糙集理论中集合的上、下近似的基本概念.

设 U 是非空有限论域, 集合 $X \subseteq U$ 称为 U 上的一个概念. 为规范起见, 我们认为空集也是一个概念. U 中的概念族称为关于 U 的抽象知识, 简称知识. 如前所述, 经典粗糙集主要研究在 U 上能形成划分的那些知识, 由集合论中的知识知道这样的划分可以定义一个等价关系, 即把具有相同属性值的对象认为是等价的. 因此对于完备的信息系统来说, 一个或者多个属性都可以定义一个等价关系, 在粗糙集理论中称这个关系为不可辨识关系. 因此当用数学方法研究信息系统时, 常常直接从条件属性集合定义的等价关系开始.

设 $R \subseteq U \times U$ 是 U 上的一个等价关系, 则 R 将 U 划分成不相交的子集, 这些不相交的子集即由 R 决定的等价类 $[x]_R$, 也称为基本集或知识 R 的基本概念.

同一等价类中的元素称为相对于 R 是不可辨识的. 基本集的并称为相对于 R 是可定义集, 空集也被认为是可定义集, 这样所有相对于 R 的可定义集构成一个布尔代数, (U,R) 称为一个近似空间. 由于属性集合可以定义相应的等价关系, 因此这里近似空间的概念就是信息系统的抽象化. 对任意的 $X \subseteq U$, 如果 X 是不可定义的, 则称 X 是粗糙的. 对于粗糙集 X 可以分别定义 X 相对于等价关系 R 的下、上近似集合:

$$\underline{R}X = \{x : [x]_R \subseteq X\}, \quad \overline{R}X = \{x : [x]_R \bigcap X \neq \varnothing\}.$$

下近似集合和上近似集合也可以用以下两个等价的公式来表示:

$$\underline{R}X = \bigcup\{[x]_R : [x]_R \subseteq X\}, \quad \overline{R}X = \bigcup\{[x]_R : [x]_R \bigcap X \neq \varnothing\}.$$

一般地, $\underline{R}X$ 和 $\overline{R}X$ 简称为 X 的 R-下近似和 R-上近似集合, $bn(X) = \overline{R}X - \underline{R}X$ 称为 X 相对于等价关系 R 的边界域. 这些概念可以通过图 4.2.1 进行直观解释.

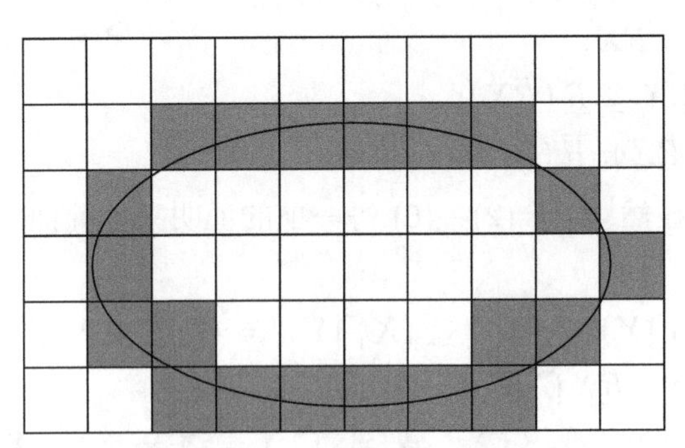

图 4.2.1 集合的上下近似

大的矩形表示论域 U, 小的方块表示等价关系 R 的等价类, 小方块的任意一个组合的全部是全部非空的可定义集合. 椭圆表示一个粗糙集合 X, 中间白色部分表示 X 的下近似, 灰色部分表示 X 的边界域, 灰色和中间白色部分合在一起表示 X 的上近似

例 4.2.1 设 $U=\{x_1,x_2,\cdots,x_9\}$, 等价关系 R 满足 $U/R=\{\{x_1,x_2\},\{x_3,x_4\},\{x_5,x_6,x_7\},\{x_8,x_9\}\}$. 令 $X_1 = \{x_2,x_3,x_5,x_8\}$, 则 $\underline{R}X_1 = \varnothing$, $\overline{R}X_1 = U$; $X_2 = \{x_1,x_2,x_3,x_4\}$, 则 $\underline{R}X_2 = \overline{R}X_2 = X_2$; $X_3 = \{x_1,x_2,x_3\}$, 则 $\underline{R}X_3 = \{x_1,x_2\}$, $\overline{R}X_3 = \{x_1,x_2,x_3,x_4\}$.

集合的上、下近似的概念虽然简单, 但是很实用. 如果可定义集合 X 是某个决策属性的决策类, 那么 X 的下近似就抽象地表示了全部以 X 表示的决策属性值为后件的确定性规则, X 的边界域就抽象地表示了全部以 X 表示的决策属性值为后件的可能性规则. 因此上、下近似的概念恰恰是前面介绍的确定性和可能性规则的数学表示, 这种表示也为我们进一步研究从数据中挖掘知识提供了数学工具. 如果 X 是可定义的, 那么全部以 X 表示的决策属性值为后件的规则都是确定性的, 也就是说, X 作为某个决策属性等价类所代表的概念完全可以由条件属性得到的知识库中的基本概念来精确地刻画. 如果 X 是粗糙的, 那么这种刻画就是不精确的, 因此可定义集合、粗糙集合, 以及集合的上、下近似都有着明确的实际背景.

从抽象的角度去看, 如果把每一个等价类看成不可再细分的信息粒, 那么集合的上、下近似就是用这些不可分割的信息粒去逼近该集合, 可以形象地看成用这些颗粒去近似计算该集合. 显然下近似集 $\underline{R}X$ 是包含于 X 的最大可定义集合, 上近似集合 $\overline{R}X$ 是包含 X 的最小可定义集合. 它们满足以下性质.

定理 4.2.1 (1) $\underline{R}U=U$, $\overline{R}\varnothing=\varnothing$;

(2) $\underline{R}(X\bigcap Y)=\underline{R}X\bigcap\underline{R}Y$, $\overline{R}(X\bigcup Y)=\overline{R}X\bigcup\overline{R}Y$;

(3) $\underline{R}\left(X^{\mathrm{C}}\right)=\left(\overline{R}X\right)^{\mathrm{C}}$, $\overline{R}\left(X^{\mathrm{C}}\right)=\left(\underline{R}X\right)^{\mathrm{C}}$;

(4) $\underline{R}X\subseteq X\subseteq\overline{R}X$;

(5) $\overline{R}(\underline{R}X)\subseteq X\subseteq\underline{R}\left(\overline{R}X\right)$;

(6) $\underline{R}X=\underline{R}(\underline{R}X)$, $\overline{R}\left(\overline{R}X\right)=\overline{R}X$.

证明 (1) 为显然. 对于 (2)—(6) 每一项的证明只证前面的公式, 后面的留作作业.

(2) $x\in\underline{R}(X\bigcap Y)\Leftrightarrow[x]_R\subseteq(X\bigcap Y)\Leftrightarrow([x]_R\subseteq X)\bigwedge([x]_R\subseteq Y)\Leftrightarrow x\in\underline{R}X\bigwedge x\in\underline{R}Y\Leftrightarrow x\in\underline{R}X\bigcap\underline{R}Y$.

(3) $x\in\underline{R}\left(X^{\mathrm{C}}\right)\Leftrightarrow[x]_R\subseteq X^{\mathrm{C}}\Leftrightarrow[x]_R\bigcap X=\varnothing\Leftrightarrow x\notin\overline{R}X\Leftrightarrow x\in\left(\overline{R}X\right)^{\mathrm{C}}$.

(4) $x\in\underline{R}X\Leftrightarrow[x]_R\subseteq X\Rightarrow x\in X$.

(5) $x\in\overline{R}(\underline{R}X)\Rightarrow[x]_R\bigcap\underline{R}X\neq\varnothing\Rightarrow[x]_R\subseteq\underline{R}X\Rightarrow x\in X$.

(6) $x\in\underline{R}X\Leftrightarrow[x]_R\subseteq X\Leftrightarrow[x]_R\subseteq\underline{R}X\Leftrightarrow x\in\underline{R}(\underline{R}X)$.

对于粗糙集 X 来说, 可以利用其下近似和上近似集合中所包含元素的个数的比值来刻画其粗糙的程度, 也就是 X 相对于给定的知识 R 的不确定性程度, 我们把 $\alpha_R(X)=\dfrac{|\underline{R}X|}{|\overline{R}X|}$ 称为 X 相对于 R 的近似精度. 显然有 $0\leqslant\alpha_R(X)\leqslant 1$ 成立, 并且 $\alpha_R(X)=1$ 当且仅当 X 是可定义集合. 如果 $\alpha_R(X)=0$, 那么显然有 $\underline{R}X=\varnothing$ 成立, 也就是说 X 中不包含任何相对于 R 的确定信息, 此时 X 相对于 R 是最粗糙的.

一般来说, 同一论域上不同的等价关系对应着不同的近似空间, 因而也对应着不同的集合上、下近似的定义. 如果等价关系之间有包含关系, 那么有如下的定理.

定理 4.2.2　设 R 和 S 是 U 上的两个等价关系且 $R \subseteq S$, 则有以下结论成立:

(1) 对任意 $x \in U$, $[x]_S = \bigcup_{y \in [x]_S} [y]_R$;

(2) 对任意的 $X \subseteq U$, $\underline{S}X \subseteq \underline{R}X \subseteq \overline{R}X \subseteq \overline{S}X$.

定理的证明留作习题. 根据定理 4.2.2 的 (1), 如果 $R \subseteq S$, 那么相对于 S 的可定义集合都是若干相对于 R 的可定义集合的并集, 因而相对于 S 的可定义集合构成的布尔代数是相对于 R 的可定义集合构成的布尔代数的子集; 根据定理 4.2.2 的 (2), 集合的下近似随着等价关系的变小而变大, 而上近似随着等价关系的变小而变小, 从而集合的近似精度随着等价关系的变小而增大. 这些事实构成了在 4.4 节讨论属性约简的理论基础.

4.3　一般关系下粗糙集模型

在粗糙集理论中等价关系或者划分是最基本的概念, 许多粗糙集理论的推广一般都是结合具体的应用背景对这两者进行扩展. 其中在一般的二元关系之下考虑集合的近似可以得到一般关系下的粗糙集模型, 这种推广不但可以扩展粗糙集理论的应用范围, 更重要的是可以从数学的角度对经典的粗糙集理论进行更细致的刻画, 从而建立粗糙集理论的基本框架.

设 R 是 U 上的一个二元关系, 对 $x \in U$, 记 $R_s(x) = \{y \in U : (x, y) \in R\}$, 称 $R_s(x)$ 为 x 的后继邻域. 对任意的 $X \subseteq U$, 定义 X 的下、上近似集合如下:

$$\underline{\mathrm{apr}}_R X = \{x : R_s(x) \subseteq X\}, \quad \overline{\mathrm{apr}}_R X = \{x : R_s(x) \bigcap X \neq \varnothing\}.$$

如果 R 是等价关系, 则 $R_s(x) = [x]_R$, 这时得到的下近似 $\underline{\mathrm{apr}}_R X$ 和上近似 $\overline{\mathrm{apr}}_R X$ 显然就是 4.2 节中介绍的 $\underline{R}X$ 和 $\overline{R}X$. 读者可以通过下面的例子初步体会一下在 R 不是等价关系时 $\underline{\mathrm{apr}}_R X$ 和 $\overline{\mathrm{apr}}_R X$ 与 4.2 节中上、下近似算子性质的不同之处.

例 4.3.1　设 $U = \{x_1, x_2, \cdots, x_9\}$, 关系 $R = \{(x_i, x_j) : i < j\}$, 则 $R_s(x_i) = \{x_j : i < j\}$. 令 $X = \{x_2, \cdots, x_9\}$, 则 $\underline{\mathrm{apr}}_R X = U$, $\overline{\mathrm{apr}}_R X = \{x_1, x_2, \cdots, x_8\}$. 显然 X 的下近似包含了 X 的上近似.

下面重点介绍 $\underline{\mathrm{apr}}_R X$ 和 $\overline{\mathrm{apr}}_R X$ 的基本性质, 从而帮助读者更好地体会 4.2 节介绍的上、下近似算子的基本性质.

定理 4.3.1　下近似 $\underline{\mathrm{apr}}_R X$ 和上近似 $\overline{\mathrm{apr}}_R X$ 满足以下性质:

(1) $\underline{\mathrm{apr}}_R U = U$, $\overline{\mathrm{apr}}_R \varnothing = \varnothing$;

(2) $\underline{\mathrm{apr}}_R(X\bigcap Y)=\left(\underline{\mathrm{apr}}_R X\right)\bigcap\left(\underline{\mathrm{apr}}_R Y\right)$,
$\overline{\mathrm{apr}}_R(X\bigcup Y)=(\overline{\mathrm{apr}}_R X)\bigcup(\overline{\mathrm{apr}}_R Y)$;

(3) $\underline{\mathrm{apr}}_R X^{\mathrm{C}}=(\overline{\mathrm{apr}}_R X)^{\mathrm{C}}$, $\overline{\mathrm{apr}}_R X^{\mathrm{C}}=(\underline{\mathrm{apr}}_R X)^{\mathrm{C}}$.

证明 (1) 为显然.

(2) $x\in\underline{\mathrm{apr}}_R(X\bigcap Y)\Leftrightarrow R_s(x)\subseteq X\bigcap Y\Leftrightarrow R_s(x)\subseteq X$ 且 $R_s(x)\subseteq Y\Leftrightarrow x\in\underline{\mathrm{apr}}_R X$ 且 $x\in\underline{\mathrm{apr}}_R Y\Leftrightarrow x\in(\underline{\mathrm{apr}}_R X)\bigcap(\underline{\mathrm{apr}}_R Y)$.

$x\in\overline{\mathrm{apr}}_R(X\bigcup Y)\Leftrightarrow R_s(x)\bigcap(X\bigcup Y)\neq\varnothing\Leftrightarrow R_s(x)\bigcap X\neq\varnothing$ 或 $R_s(x)\bigcap Y\neq\varnothing\Leftrightarrow x\in\overline{\mathrm{apr}}_R X$ 或 $x\in\overline{\mathrm{apr}}_R Y\Leftrightarrow x\in(\overline{\mathrm{apr}}_R X)\bigcup(\overline{\mathrm{apr}}_R Y)$.

(3) $x\in\underline{\mathrm{apr}}_R X^{\mathrm{C}}\Leftrightarrow R_s(x)\subseteq X^{\mathrm{C}}\Leftrightarrow R_s(x)\bigcap X=\varnothing\Leftrightarrow x\notin\overline{\mathrm{apr}}_R X\Leftrightarrow x\in(\overline{\mathrm{apr}}_R X)^{\mathrm{C}}$;

$x\in\overline{\mathrm{apr}}_R X^{\mathrm{C}}\Leftrightarrow R_s(x)\bigcap X^{\mathrm{C}}\neq\varnothing\Leftrightarrow R_s(x)\subseteq X$ 不成立 $\Leftrightarrow x\notin\underline{\mathrm{apr}}_R X\Leftrightarrow x\in(\underline{\mathrm{apr}}_R X)^{\mathrm{C}}$.

下面的推论是显然的.

推论 4.3.1 (1) $X\subseteq Y\Rightarrow\underline{\mathrm{apr}}_R X\subseteq\underline{\mathrm{apr}}_R Y$, $\overline{\mathrm{apr}}_R X\subseteq\overline{\mathrm{apr}}_R Y$;

(2) $\left(\underline{\mathrm{apr}}_R X\right)\bigcup\left(\underline{\mathrm{apr}}_R Y\right)\subseteq\underline{\mathrm{apr}}_R(X\bigcup Y)$, $\overline{\mathrm{apr}}_R(X\bigcap Y)\subseteq(\overline{\mathrm{apr}}_R X)\bigcap(\overline{\mathrm{apr}}_R Y)$.

以上我们对关系 R 没做任何要求. 下面的定理揭示了关系 R 的特殊性质与上、下近似的性质之间的内在联系.

定理 4.3.2 *以下结论成立:*

(1) R *是自反的* $\Leftrightarrow\underline{\mathrm{apr}}_R X\subseteq X\Leftrightarrow X\subseteq\overline{\mathrm{apr}}_R X$;

(2) R *是对称的* $\Leftrightarrow X\subseteq\underline{\mathrm{apr}}_R(\overline{\mathrm{apr}}_R X)\Leftrightarrow\overline{\mathrm{apr}}_R(\underline{\mathrm{apr}}_R X)\subseteq X$;

(3) R *是传递的* $\Leftrightarrow\underline{\mathrm{apr}}_R X\subseteq\underline{\mathrm{apr}}_R(\underline{\mathrm{apr}}_R X)\Leftrightarrow\overline{\mathrm{apr}}_R(\overline{\mathrm{apr}}_R X)\subseteq\overline{\mathrm{apr}}_R X$.

证明 (1) 设 R 是自反的, 则 $x\in R_s(x)$. 对 $x\in\underline{\mathrm{apr}}_R X$, 有 $R_s(x)\subseteq X$, 即 $x\in X$, 从而 $\underline{\mathrm{apr}}_R X\subseteq X$.

设对 $\forall X$, $\underline{\mathrm{apr}}_R X\subseteq X$, 则有 $\underline{\mathrm{apr}}_R X^{\mathrm{C}}\subseteq X^{\mathrm{C}}$, 因而 $X=(X^{\mathrm{C}})^{\mathrm{C}}\subseteq(\underline{\mathrm{apr}}_R X^{\mathrm{C}})^{\mathrm{C}}=\overline{\mathrm{apr}}_R X$.

设对 $\forall X$, $X\subseteq\overline{\mathrm{apr}}_R X$, 则对 $\forall x\in U$ 有 $x\in\overline{\mathrm{apr}}_R\{x\}$, 从而有 $x\in R_s(x)$, 即 R 是自反的.

(2) 设 R 是对称的, 则对 $\forall x\in X$ 和 $y\in R_s(x)$, 有 $x\in R_s(y)$, 从而 $x\in R_s(y)\bigcap X$, 即 $y\in\overline{\mathrm{apr}}_R X$. 由 y 的任意性知 $R_s(x)\subseteq\overline{\mathrm{apr}}_R X$, 即 $x\in\underline{\mathrm{apr}}_R(\overline{\mathrm{apr}}_R X)$, 从而 $X\subseteq\underline{\mathrm{apr}}_R(\overline{\mathrm{apr}}_R X)$.

设对 $\forall X$, 有 $X\subseteq\underline{\mathrm{apr}}_R(\overline{\mathrm{apr}}_R X)$. 对 $\forall x,y\in U$ 且 $y\in R_s(x)$, 由于 $x\in\underline{\mathrm{apr}}_R(\overline{\mathrm{apr}}_R\{x\})$, 有 $R_s(x)\subseteq\overline{\mathrm{apr}}_R\{x\}$, 于是 $y\in\overline{\mathrm{apr}}_R\{x\}$, 即 $R_s(y)\bigcap\{x\}\neq\varnothing$, 从而 $x\in R_s(y)$, 所以 R 是对称的.

由近似算子的对偶性易得 $X \subseteq \underline{\mathrm{apr}}_R(\overline{\mathrm{apr}}_R X)$ 与 $\overline{\mathrm{apr}}_R(\underline{\mathrm{apr}}_R X) \subseteq X$ 等价.

(3) 设 R 是传递的, 则对 $\forall x \in X$ 和 $y \in R_s(x)$, 有 $R_s(y) \subseteq R_s(x)$. 对 $\forall x \in \underline{\mathrm{apr}}_R X$, 有 $R_s(x) \subseteq X$, 从而若 $y \in R_s(x)$, 则有 $R_s(y) \subseteq X$, 即 $y \in \underline{\mathrm{apr}}_R X$. 由 y 的任意性知 $R_s(x) \subseteq \underline{\mathrm{apr}}_R X$, 即 $x \in \underline{\mathrm{apr}}_R(\underline{\mathrm{apr}}_R X)$, 从而有 $\underline{\mathrm{apr}}_R X \subseteq \underline{\mathrm{apr}}_R(\underline{\mathrm{apr}}_R X)$.

由近似算子的对偶性易得 $\underline{\mathrm{apr}}_R X \subseteq \underline{\mathrm{apr}}_R(\underline{\mathrm{apr}}_R X)$ 与 $\overline{\mathrm{apr}}_R(\overline{\mathrm{apr}}_R X) \subseteq \overline{\mathrm{apr}}_R X$ 等价.

设对 $\forall X$, $\overline{\mathrm{apr}}_R(\overline{\mathrm{apr}}_R X) \subseteq \overline{\mathrm{apr}}_R X$ 成立. 设 $y \in R_s(x)$ 且 $z \in R_s(y)$, 有 $y \in \overline{\mathrm{apr}}_R\{z\}$, 因而 $y \in R_s(x) \bigcap \overline{\mathrm{apr}}_R\{z\}$, 即 $x \in \overline{\mathrm{apr}}_R(\overline{\mathrm{apr}}_R\{z\}) \subseteq \overline{\mathrm{apr}}_R\{z\}$, 即 $R_s(x) \bigcap \{z\} \neq \varnothing$, 于是 $z \in R_s(x)$, 即 R 是传递的.

需要指出的是, 基于一般关系定义集合的上、下近似有多种方式. 这里给出的定义是被公认为比较合理的一种. 这一合理性从其与经典粗糙集的性质之间的对应关系可以明显看出来. 由定理 4.3.1 和定理 4.3.2 可以看出, 定理 4.2.1 中的六个性质对基于等价关系的集合的上、下近似来说是基本的, 但是它们的重要性程度并不相同. 其中前三个性质对应着一般关系下的粗糙集模型, 而后三个性质分别刻画了二元关系 R 的自反性、对称性和传递性. 事实上, 这六条性质还可以作为公理来刻画近似算子.

从数学的角度来看, 下近似 $\underline{\mathrm{apr}}_R$ 和上近似 $\overline{\mathrm{apr}}_R$ 把 U 的子集仍然映射为 U 的子集, 因而可以看成 U 的幂集 $P(U)$ 上的一对一元算子. 如果 R 是一个一般的二元关系, 则这一对算子满足定理 4.3.1 中的性质 (1)—(3). 下面的定理说明定理 4.3.1 中的性质 (1)—(3) 可作为公理来刻画上近似和下近似算子.

定理 4.3.3 设 $L, H : P(U) \to P(U)$ 是一对一元算子, 则存在一个 U 上的二元关系 R, 使得 $L(X) = \underline{\mathrm{apr}}_R X$ 和 $H(X) = \overline{\mathrm{apr}}_R X$ 对任意的 $X \subseteq U$ 都成立的充要条件是 L 和 H 满足以下性质:

(1) $L(U) = U$, $L(X \bigcap Y) = L(X) \bigcap L(Y)$;

(2) $H(\varnothing) = \varnothing$, $H(X \bigcup Y) = H(X) \bigcup H(Y)$;

(3) $L(X) = (H(X^{\mathrm{C}}))^{\mathrm{C}}$, $H(X) = (L(X^{\mathrm{C}}))^{\mathrm{C}}$.

证明 定理的必要性为显然, 只需要证明定理的充分性. 对 $\forall x, y \in U$, 令 $R = \{(x, y) : x \in H(\{y\})\}$, 则有 $R_s(x) = \{y : x \in H(\{y\})\}$, 即 $H(\{y\}) = \{x : y \in R_s(x)\}$. 显然有 $\overline{\mathrm{apr}}_R \varnothing = \varnothing = H(\varnothing)$. 对 $\forall y \in U$, 若 $\overline{\mathrm{apr}}_R\{y\} \neq \varnothing$, 则 $\overline{\mathrm{apr}}_R\{y\} = \{x : R_s(x) \bigcap \{y\} \neq \varnothing\} = \{x : y \in R_s(x)\} = H(\{y\})$. 于是对 $\forall X \subseteq U$ 有 $\overline{\mathrm{apr}}_R X = \bigcup_{x \in X} \overline{\mathrm{apr}}_R\{x\} = \bigcup_{x \in X} H(\{x\}) = H(X)$. 由 $\underline{\mathrm{apr}}_R$ 和 $\overline{\mathrm{apr}}_R$ 的对偶性易证 $L(X) = \underline{\mathrm{apr}}_R X$, 留作课后作业.

同样地, 定理 4.3.2 中的 (1)—(3) 可以分别作为公理来刻画二元关系 R 的自反性、对称性和传递性.

定理 4.3.4 设 $L, H: P(U) \to P(U)$ 满足定理 4.3.3 中的条件 (1)—(3), 则存在一个 U 上的

(1) 自反的;

(2) 对称的;

(3) 传递的二元关系 R

使得 $\underline{\mathrm{apr}}_R X$ 和 $H(X) = \overline{\mathrm{apr}}_R X$ 当且仅当 L 和 H 满足:

(1) $L(X) \subseteq X \subseteq H(X)$;

(2) $H(L(X)) \subseteq X \subseteq L(H(X))$;

(3) $L(X) \subseteq L(L(X)), H(X) \subseteq H(H(X))$.

定理的证明留作书后习题.

4.4 决策系统的属性约简及其计算

如前所述, 信息系统中往往存在着条件属性和决策属性之间的不一致性, 这种不一致性反映了条件属性刻画决策属性的能力, 是数据中蕴涵的一种不确定信息. 为了对这种不确定信息进行定量刻画, 首先给出决策属性相对于条件属性集正域和依赖函数的定义.

设 $(U, C \bigcup D)$ 是一个完备决策系统, 以下仍然用字母 D 表示决策属性定义的等价关系. 对 $\forall a \in C$, 令 R_a 是由条件属性 a 定义的等价关系. 对于 $B \subseteq C$, 令 $R_B = \{(x, y) : a(x) = a(y), \forall a \in B\}$, 易证如下引理中的结论.

引理 4.4.1 (1) $R_B = \bigcap_{a \in B} R_a$;

(2) $R_B \supseteq R_C$;

(3) 对 $\forall X \subseteq U$, $\underline{R_B} X \subseteq \underline{R_C} X$.

定义 4.4.1 设 $U/D = \{D_1, D_2, \cdots, D_l\}$, $|U| = n$. 称

$$\mathrm{Pos}_C(D) = \bigcup_{k=1}^{l} \underline{R_C} D_k$$

为决策属性 D 相对于条件属性集合 C 的正域; 称

$$\gamma_C(D) = \frac{1}{n} |\mathrm{Pos}_C(D)| = \frac{1}{n} \sum_{k=1}^{l} |\underline{R_C} D_k|$$

为决策属性 D 相对于条件属性集合 C 的依赖函数.

例 4.4.1 设 $U=\{x_1,x_2,\cdots,x_8\}$ 是一个论域, $C=\{a_1,a_2,\cdots,a_6\}$ 是包含六个属性的条件属性集合, D 是决策属性, 则有如表 4.4.1 所示的决策系统 $(U,C\bigcup D)$. 容易计算 $\underline{R_C}\{\{x_1,x_4,x_7,x_8\}\}=\{x_1,x_7,x_8\}$, $\underline{R_C}\{\{x_2,x_3,x_5,x_6\}\}=\{x_2,x_5,x_6\}$, 故 $\mathrm{Pos}_C(D)=\{x_1,x_2,x_5,x_6,x_7,x_8\}$, $\gamma_C(D)=\dfrac{3}{4}$.

表 4.4.1 一个决策系统

$x\in U$	a_1	a_2	a_3	a_4	a_5	a_6	D
x_1	1	0	1	1	0	1	1
x_2	0	0	1	1	0	1	0
x_3	1	1	0	1	0	1	0
x_4	1	1	0	1	0	1	1
x_5	0	0	0	0	1	0	0
x_6	1	0	1	1	0	0	0
x_7	1	0	0	0	1	1	1
x_8	1	1	1	0	0	0	1

显然 $\mathrm{Pos}_C(D)=U\Leftrightarrow\gamma_C(D)=1\Leftrightarrow(U,C\bigcup D)$ 是一个一致决策系统. 正域抽象地表示出了所有确定性规则. 如果把重复的数目算在内, 那么正域中元素个数就是所有确定性规则的数目, 依赖函数就是确定性规则在全部规则中所占比例. 正域定性地刻画了决策属性与条件属性集合之间的一致性, 而依赖函数量化了这种一致性. 保持这种一致性不减少就等价于保持决策属性与条件属性集合之间不一致性不增加. 显然并不是所有条件属性对保持这种一致性都是必要的. 根据引理 4.4.1 中的 (3), 如果 $B\subseteq C$, 则 $\mathrm{Pos}_B(D)\subseteq\mathrm{Pos}_C(D)$, 也就是说如果从条件属性集合中删除某些属性, 正域或者变小或者不变, 从这个思想出发就有了如下属性约简的定义.

定义 4.4.2 设 $(U,C\bigcup D)$ 是一个完备决策系统, 对 $\forall a\in C$, 若 $\mathrm{Pos}_{C-\{a\}}(D)=\mathrm{Pos}_C(D)$, 则称 a 在 C 中相对于 D 不必要, 否则称 a 在 C 中相对于 D 必要. 对于 $P\subseteq C$, 如果有 $\mathrm{Pos}_P(D)=\mathrm{Pos}_C(D)$ 且 P 中任何一个条件属性在 P 中相对于 D 都必要, 则称 P 是 C 的一个相对于 D 的属性约简. C 中相对于 D 的全部必要条件属性集合称为 C 相对于 D 的核心, 记为 $\mathrm{Core}_C(D)$. 如果用 $\mathrm{RED}_C(D)$ 表示 C 的相对于 D 的全部属性约简集合, 则易证 $\mathrm{Core}_C(D)$ 恰好是全部属性约简的交集, 即 $\mathrm{Core}_C(D)=\bigcap\mathrm{RED}_C(D)$.

对于 $P\subseteq C$, 显然有 $\mathrm{Pos}_P(D)\subseteq\mathrm{Pos}_C(D)$ 成立. 也就是说属性约简是保持决策属性与条件属性集合之间一致性不减少, 或者等价地说保持不一致性不增加的条件属性集合的极小子集. 注意到这里约简是极小子集而不是最小子集, 因而一般来说属性约简不唯一. 相对核心里的元素存在于每一个约简之中, 说明核心里的元素对保持决策属性与条件属性集合之间一致性不可或缺. 利用属性约简可以把条件属性集合分成三部分: ① 属于每一个约简的条件属性集合, 即核心; ② 属于部分约简的条件属性集合; ③ 不属于任何约简的条件属性集合. 核心有可能是空集. 对条件属性集合的这种划分是粗糙集理论的基本特征之一.

下面介绍在粗糙集理论中占据核心位置的辨识矩阵方法. 通过对辨识矩阵方法的深入分析给出计算属性约简的快速算法. 首先分析属性约简的基本原理.

对于 $P \subseteq C$, 由于决策类之间的交集是空集, 因此保持 $\mathrm{Pos}_P(D) = \mathrm{Pos}_C(D)$ 就是保持每一个 $\underline{R_P}D_k = \underline{R_C}D_k$ 都成立. 由于 $\underline{R_P}D_k \subseteq \underline{R_C}D_k$ 成立, 这就是说删除属性会导致对论域划分变粗, 元素等价类会变大, 集合下近似会变小, 根据定理 4.2.2 知, 这种变化通过等价类的合并实现. 因而若想保持 $\underline{R_P}D_k = \underline{R_C}D_k$ 成立, 那么 $x \in \underline{R_C}D_k$ 的等价类 $[x]_{R_C}$ 就不能与 $y \notin \underline{R_C}D_k$ 的等价类 $[y]_{R_C}$ 合并成一个 $[x]_{R_P}$, 也就是说如果条件属性集合 C 能够把 $x \in \underline{R_C}D_k$ 和 $y \notin \underline{R_C}D_k$ 分开, 那么条件属性集合 P 也必须能够把 $x \in \underline{R_C}D_k$ 和 $y \notin \underline{R_C}D_k$ 分开, 这样才能保证 $\underline{R_p}D_k = \underline{R_C}D_k$ 成立, 即必须 $\exists a \in P$ 使得 $a(x) \neq a(y)$ 成立. 注意到, 如果有 $x \in \underline{R_C}D_k$ 和 $y \notin \underline{R_C}D_k$ 成立, 那么必然有 $z \in [y]_{R_C}$ 使得 $D(x) \neq D(z)$, 因而条件属性集合 P 只要能够把 $x \in \underline{R_C}D_k$ 与满足 $D(x) \neq D(z)$ 的 z 区分开, 那么就能保证 $\mathrm{Pos}_P(D) = \mathrm{Pos}_C(D)$ 成立. 根据以上的分析, 有如下的辨识矩阵的定义.

定义 4.4.3 设 $U = \{x_1, x_2, \cdots, x_n\}$, 令 $M_C(D)$ 表示一个 $n \times n$ 矩阵 (c_{ij}), 称为决策系统 $(U, C \bigcup D)$ 的辨识矩阵, 这里 $c_{ij} = \{a \in C : a(x_i) \neq a(x_j)\}$, 如果 x_i 和 x_j 满足 $x_i \in \mathrm{Pos}_C(D)$ 且 $D(x_i) \neq D(x_j)$; 否则 $c_{ij} = \varnothing$.

需要注意, 在辨识矩阵的定义中, 我们针对每一个 $x_i \in \mathrm{Pos}_C(D)$ 来寻找需要与其分开的 x_j, 因而 x_i 和 x_j 是有序的. 如果我们考虑了 (x_i, x_j) 且 x_j 满足 $x_j \notin \mathrm{Pos}_C(D)$, 则不必考虑区分 x_j 和 x_i, 因此辨识矩阵不必是对称的. 对于辨识矩阵, 有 $a \in \mathrm{Core}_C(D) \Leftrightarrow \exists c_{ij} = \{a\}$, 证明留作书后习题.

例 4.4.2 在例 4.4.1 中, 容易求得辨识矩阵如下 (为简便起见这里用数字 k 代表属性 a_k):

$$M_C(D) = \begin{pmatrix} & 1 & 23 & & 13456 & 6 & & \\ 1 & & & 123 & & & 1345 & 1246 \\ 13456 & & & 12456 & & & 16 & 1235 \\ 6 & & & 236 & & & 3456 & 24 \\ & 1345 & 245 & & 16 & 3456 & & \\ & 1246 & 346 & & 1235 & 24 & & \end{pmatrix}.$$

在上例中观察到辨识矩阵中的元素有大有小, 比如 $c_{12} \subset c_{24}$, 这个包含关系

意味着只要把 x_1 和 x_2 区分开, 那么同时就把 x_2 和 x_4 区分开了, 这个现象是不是说 c_{24} 对于计算属性约简来说是多余的呢? 下面给出这个问题的答案.

定义 4.4.4 设 $c_{ij} \in M_C(D)$, 如果对 $\forall c_{st} \in M_C(D)$, c_{ij} 都不是 c_{st} 的真子集, 则称 c_{ij} 是辨识矩阵 $M_C(D)$ 中的极小元素.

定理 4.4.1 (1) $P \subset C$ 包含 C 的一个属性约简当且仅当对 $\forall c_{ij} \neq \varnothing$ 有 $P \bigcap c_{ij} \neq \varnothing$.

(2) $a \in C$ 不属于任何属性约简当且仅当 a 不属于任何辨识矩阵的极小元素.

证明 (1) $P \subset C$ 包含 C 的一个属性约简 $\Leftrightarrow$ 对 $\forall x_i$ 和 x_j 满足 $x_i \in \mathrm{Pos}_C(D)$ 且 $D(x_i) \neq D(x_j)$ 有 $a \in P$ 使得 $a(x_i) \neq a(x_j) \Leftrightarrow$ 对 $\forall c_{ij} \neq \varnothing$ 有 $P \bigcap c_{ij} \neq \varnothing$.

(2) 充分性 设 a 不属于任何辨识矩阵的极小元素, $P \subset C$ 是 C 的任一个属性约简. 如果 $a \in P$, 则存在 x_i 和 x_j 满足 $x_i \in \mathrm{Pos}_C(D)$ 且 $D(x_i) \neq D(x_j)$ 且 $a(x_i) \neq a(x_j)$, 即 $a \in c_{ij}$ 且 a 是 P 中唯一一个满足 $a(x_i) \neq a(x_j)$ 的属性 (约简的极小性). 由 $a \in c_{ij}$ 知 c_{ij} 不是极小元素, 因而 c_{ij} 包含某些极小元素. 对任意的极小元素 $c_{st} \subset c_{ij}$ 有 $P \bigcap c_{st} = \varnothing$(这是由于 a 是 P 中唯一一个满足 $a(x_i) \neq a(x_j)$ 的属性), 与 (1) 的结论矛盾. 因而 a 不属于任何属性约简.

必要性 假设存在辨识矩阵的极小元素 c_{st} 使得 $a \in c_{st}$. 设 $P \subset C$ 是 C 的一个属性约简, 若 $a \notin P$, 则 $P \bigcap (c_{st} - \{a\}) \neq \varnothing$. 令 $P_0 = (P - (c_{st} - \{a\})) \bigcup \{a\}$, 则 P_0 总可以扩张成一个包含 a 的属性约简.

下面来分析一下如何求出辨识矩阵的极小元素. 首先在辨识矩阵中包含属性最少的元素一定是极小元素. 由于极小元素之间相互不能包含, 因此一旦确定了辨识矩阵中的某个极小元素并删除辨识矩阵中所有包含该极小元素的元素, 并不能删除其他的极小元素, 并且在剩余的元素中包含属性最少的元素仍然是极小元素. 不断重复这个过程直到辨识矩阵中没有元素, 就可以锁定所有极小元素. 根据以上分析, 可以得到以下计算所有极小元素的算法.

算法 4.4.1 求全部极小元素

输入: $M_C(D)$

输出: N_0 为全部极小元素的集合

初始设置: $N_0 = \varnothing$

步骤 1: 计算 $\{|c_{ij}| : c_{ij} \in M_C(D)\}$.

步骤 2: 把 c_{ij} 按照 $|c_{ij}|$ 从小到大排序.

步骤 3: 执行以下计算如果 $M_C(D) \neq \varnothing$,

3.1 选择第一个 $c_{ij} \in M_C(D)$;

3.2 计算 $\{c_{ij}^0 : c_{ij} \subseteq c_{ij}^0\}$;

3.3 令 $N_0 = N_0 \bigcup \{c_{ij}\}$;

3.4 令 $M_C(D) = M_C(D) - \{c_{ij}^0 : c_{ij} \subseteq c_{ij}^0\}$.

步骤 4: 输出 N_0.

根据全部极小元素的集合 N_0 我们有以下算法求出一个最小约简, 即包含属性个数最少的属性约简. 一般来说, 最小约简不是唯一的.

算法 4.4.2 求最小属性约简

输入: N_0

输出: minREDUCT

初始设置: minREDUCT $= \varnothing$

步骤 1: 计算 Core $= \{c_{ij}^0 \in N_0 : |c_{ij}^0| = 1\}$; 令 $N^* = N_0 -$ Core.

步骤 2: 如果 $N^* = \varnothing$, 输出 minREDUCT $= \bigcup$ Core.

步骤 3: 如果 $N^* \neq \varnothing$, 计算 Cand $= \bigcup \{c_{ij}^0 : c_{ij}^0 \in N^*\}$,

令 $m = 1$,

3.1 计算 $T_m = \{x \in 2^{\text{Cand}}, |x| = m\}$;

3.2 寻找 $x \in T_m$ 满足 $\forall c_{ij}^0 \in N^*, x \bigcap c_{ij}^0 \neq \varnothing$;

3.3 如果找到 x, 令 minREDUCT $= \{x\} \bigcup$ Core 停止运算转到步骤 4;

3.4 如果找不到 x, 令 $m = m + 1$ 且回到 3.1.

步骤 4: 输出 minREDUCT.

以上算法中, 我们首先确定核元素. 然后把剩余的极小元素中的属性都放在一起得到集合 Cand. 从 $m = 1$ 开始计算 Cand 包含 m 个元素的子集族 T_m, T_m 中第一个满足跟核心元素之外的所有极小元素交集非空的集合再并上核心元素, 即我们要求的最小约简. 以上求最小属性约简的算法由于需要计算子集族 T, 因而复杂度很高.

在许多实际问题里并不需要求最小属性约简, 求得一个属性约简一般就能够满足需求. 在算法 4.4.1 中, 当确定了一个极小元素 c_{ij} 之后, 可以从中任意选出一个属性 a, 我们可以直接从辨识矩阵中删除包含属性 a 的所有元素, 因为这些元素能完成的区分样本的任务都可以由 a 代替完成, 这一过程直接删除了所有包含 c_{ij} 的元素, 当然可能删除某些包含 a 的极小元素. 然后再从剩余的元素中减掉 c_{ij} 中 a 以外的元素, 仍然由于极小元素不能相互包含, 这个减法的过程不能消除剩余元素中的极小元素. 通过这个减法可以保证剩余的元素中没有属性能够区分开 x_i 和 x_j, 即 a 是选出的唯一能够区分 x_i 和 x_j 的属性. 不断重复这个过程直到辨识矩阵中没有元素, 把所有选出的属性放到一起得到的集合 REDUCT 就是一个属性约简. 这是因为首先 REDUCT 与每一个极小元素交集非空, 其次对

REDUCT 中的每一个元素 a 存在 x_i 和 x_j 使得 a 是 REDUCT 中唯一能够区分 x_i 和 x_j 的属性. 根据以上分析, 有以下计算属性约简的算法.

算法 4.4.3 求单个属性约简

输入: $M_C(D)$

输出: REDUCT

初始设置: REDUCT $= \varnothing$

步骤 1: 计算 $\left\{\left|c_{ij}^0\right| : c_{ij}^0 \in M_C(D)\right\}$.

步骤 2: 把 c_{ij}^0 按照 $\left|c_{ij}^0\right|$ 由小到大排序.

步骤 3: 执行以下计算如果 $M_C(D) \neq \varnothing$,

3.1 选择第一个 $c_{i_0 j_0}^0 \in M_C(D)$ 任选出 $v_0 \in c_{i_0 j_0}^0$;

3.2 令 REDUCT $=$ REDUCT $\bigcup\{v_0\}$;

3.3 令 $M_C(D) = M_C(D) - \left\{c_{ij}^0 : v_0 \in c_{ij}^0\right\}$;

3.4 令 $M_C(D) = \left\{c_{ij}^0 - c_{i_0 j_0}^0 : c_{ij}^0 \in M_C(D)\right\}$.

步骤 4: 输出 REDUCT.

下面通过一个例子说明以上三个算法.

例 4.4.3 (续例 4.4.2) 首先选择 $M_C(D)$ 中第一个包含属性最少的元素 $c_{12} = \{a_1\}$, 删除所有包含 c_{12} 的元素得到

$$\begin{pmatrix} & 23 & & 6 & & \\ 6 & & 236 & & 3456 & 24 \\ & 245 & & 3456 & & \\ & 346 & & 24 & & \end{pmatrix},$$

选择第二个包含属性最少的元素 $c_{16} = \{a_6\}$, 删除所有包含 c_{16} 的元素得到

$$\begin{pmatrix} 23 & & \\ & & 24 \\ 245 & & \\ & 24 & \end{pmatrix},$$

选择第三个包含属性最少的元素 $c_{68} = \{a_2, a_4\}$, 删除所有包含 c_{68} 的元素得到

$$\begin{pmatrix} 23 \\ \\ \\ \end{pmatrix},$$

剩下的 $c_{13}=\{a_2,a_3\}$ 显然是一个极小元素. 于是得到了极小元素集合 $N_0=\{\{a_1\},\{a_6\},\{a_2,a_3\},\{a_2,a_4\}\}$. 显然 $\mathrm{Core}_C(D)=\{a_1,a_6\}$. 令 $\mathrm{Cand}=\{a_2,a_3,a_4\}$, 其包含一个元素的子集分别是 $\{a_2\},\{a_3\},\{a_4\}$. 第一个满足与 $\{a_2,a_3\},\{a_2,a_4\}$ 的交集都不是空集的子集是 $\{a_2\}$, 因而 $\mathrm{minREDUCT}=\mathrm{Core}_C(D)\bigcup\{a_2\}=\{a_1,a_2,a_6\}$ 是一个最小约简.

如果想求得一个约简可以按照算法 4.4.3 如下操作. 按照算法 4.4.3 选出 $\{a_1,a_6\}$ 并进行了删除和减法之后得到

$$\begin{pmatrix} 23 & & \\ & & 24 \\ 245 & & \\ & 24 & \end{pmatrix},$$

选择第三个包含属性最少的元素 $c_{68}=\{a_2,a_4\}$ 并从中选出 a_4, 删除包含 a_4 的元素得到

$$\begin{pmatrix} 23 & & \\ & & \\ & & \\ & & \end{pmatrix},$$

在剩下的元素中减掉 c_{68} 得到

$$\begin{pmatrix} 3 & & \\ & & \\ & & \\ & & \end{pmatrix},$$

最后可得到一个约简 $\{a_1,a_6,a_3,a_4\}$. 在上述过程中最后一步减法是必要的. 否则如果在剩下的 $\{a_2,a_3\}$ 中选择了 a_2, 那么 $\{a_1,a_6,a_2,a_4\}$ 不是一个属性约简.

4.5　近似算子的数字特征

在第 2 章研究模糊集的时候给出了度量一个模糊集合模糊程度的方法. 既然有了粗糙集的概念, 自然会想到如何度量一个粗糙集的粗糙程度. 4.2 节给出了 $\alpha_R(X)=\dfrac{|\underline{R}X|}{|\overline{R}X|}$ 作为粗糙集 X 相对于 R 的近似精度. 显然, 如果 X 的上、下近似集合差异越小, 那么其近似精度就越大, 因而初步看来 $\alpha_R(X)$ 可以用来度量一

个粗糙集的粗糙程度. 然而下面的例子告诉我们 $\alpha_R(X)$ 还不能完全体现一个粗糙集的粗糙程度.

例 4.5.1 设 $U=\{x_1,x_2,\cdots,x_9\}$, R,S,T 是三个等价关系, 满足

$$\begin{aligned}U/R=&\{\{x_1,x_2,x_3,x_4\},\{x_5,x_6,x_7\},\{x_8,x_9\}\},\\U/S=&\{\{x_1,x_2\},\{x_3,x_4\},\{x_5,x_6,x_7\},\{x_8,x_9\}\},\\U/T=&\{\{x_1\},\{x_2\},\{x_3\},\{x_4\},\{x_5,x_6,x_7\},\{x_8,x_9\}\}.\end{aligned}$$

令 $X=\{x_1,x_2,x_3,x_4,x_5,x_8\}$, 则 $\underline{R}X=\underline{S}X=\underline{T}X=\{x_1,x_2,x_3,x_4\}$, $\overline{R}X=\overline{S}X=\overline{T}X=U$, 因此 $\alpha_R(X)=\alpha_S(X)=\alpha_T(X)=\dfrac{4}{9}$. 显然有 $T\subseteq S\subseteq R$, 但是 X 相对于它们却有相同的近似精度. 因此 $\alpha_R(X)$ 作为度量粗糙集粗糙度的数字特征不够充分, 有必要给出粗糙集粗糙性更精确的度量. 注意到上例中三个等价关系对论域粒化的程度是不一样的, 而 $\alpha_R(X)$ 的定义中没有考虑这种粒化程度. 因而我们需要首先引入刻画等价关系对论域粒化程度的数字特征.

定义 4.5.1 设 U 是非空有限论域, R 是 U 上的等价关系满足 $U/R=\{R_1,R_2,\cdots,R_l\}$, 则近似空间 (U,R) 的粗糙熵定义为 $\mathrm{E}(R)=\dfrac{1}{|U|}\sum_{i=1}^{l}|R_i|\log_2|R_i|$.

定理 4.5.1 设 $U/R=\{R_1,R_2,\cdots,R_l\}$, $U/P=\{P_1,P_2,\cdots,P_k\}$. 如果 $P\subset R$, 则 $\mathrm{E}(P)<\mathrm{E}(R)$.

证明 如果 $P\subset R$, 则 $k>l$, 且存在 $\{1,2,\cdots,k\}$ 的一个划分 $C=\{C_1,\cdots,C_l\}$, 使得 $R_j=\bigcup_{i\in C_j}P_i$, $j=1,2,\cdots,k$. 因此有

$$\begin{aligned}\mathrm{E}(R)&=\frac{1}{|U|}\sum_{j=1}^{l}|R_j|\log_2|R_j|=\frac{1}{|U|}\sum_{j=1}^{l}\left|\bigcup_{i\in C_j}P_i\right|\log_2\left|\bigcup_{i\in C_j}P_i\right|\\&=\frac{1}{|U|}\sum_{j=1}^{l}\left(\sum_{i\in C_j}|P_i|\log_2\left(\sum_{i\in C_j}|P_i|\right)\right)\\&\geqslant\frac{1}{|U|}\sum_{j=1}^{l}\left(\sum_{i\in C_j}|P_i|\log_2|P_i|\right);\end{aligned}$$

又由于 $k>l$, 因此有 $C_{j_0}\in C$ 使得 $|C_{j_0}|>1$, 所以

$$\sum_{i\in C_{j_0}}|P_i|\left|\log_2\left(\sum_{i\in C_j}|P_i|\right)\right|>\sum_{i\in C_{j_0}}|P_i|\log_2|P_i|,$$

因此

$$\mathrm{E}(R)>\frac{1}{|U|}\sum_{j=1}^{l}\left(\sum_{i\in C_j}|P_i|\log_2|P_i|\right)=\mathrm{E}(P).$$

以上定理说明粗糙熵 $\mathrm{E}(R)$ 随着对论域划分变细而严格单调减少, 因而其作为刻画等价关系对论域粒化程度的数字特征是合理的. 利用近似空间的粗糙熵就可以定义粗糙集合理的粗糙熵如下.

定义 4.5.2 设 U 是非空有限论域, R 是 U 上的等价关系, $X \subseteq U$. X 在近似空间 (U, R) 的粗糙熵定义为 $\mathrm{E}_R(X) = \mathrm{E}(R)(1 - \alpha_R(X))$.

$\mathrm{E}_R(X)$ 同时考虑了集合 X 上、下近似集合之间的差距和论域的粒化程度, 因而是合理的. 下面的例子可以充分说明这一点.

例 4.5.2 对例 4.5.1, 有

$$\begin{aligned}
\mathrm{E}_R(X) =& \frac{5}{9}\left(\frac{4}{9}\log_2 4 + \frac{3}{9}\log_2 3 + \frac{2}{9}\log_2 2\right) = \frac{50}{81} + \frac{5}{27}\log_2 3, \\
\mathrm{E}_S(X) =& \frac{5}{9}\left(\frac{2}{9}\log_2 2 + \frac{2}{9}\log_2 2 + \frac{3}{9}\log_2 3 + \frac{2}{9}\log_2 2\right) = \frac{10}{27} + \frac{5}{27}\log_2 3, \\
\mathrm{E}_T(X) =& \frac{5}{9}\left(4 \times \frac{1}{9}\log_2 1 + \frac{3}{9}\log_2 3 + \frac{2}{9}\log_2 2\right) = \frac{10}{81} + \frac{5}{27}\log_2 3.
\end{aligned}$$

显然有 $\mathrm{E}_R(X) > \mathrm{E}_S(X) > \mathrm{E}_T(X)$, 即随着论域的粒化程度变细粗糙集 X 的粗糙度也在减少.

以上给出了粗糙集 X 的粗糙度, 还可以利用 $\dfrac{|\overline{R}X|}{|U|}$ 和 $\dfrac{|\underline{R}X|}{|U|}$ 分别度量上近似和下近似的近似精度, 并且 $\dfrac{|\overline{R}X|}{|U|}$ 和 $\dfrac{|\underline{R}X|}{|U|}$ 具有下列性质.

定理 4.5.2 令 $\mathrm{Bel}_R(X) = \dfrac{|\underline{R}X|}{|U|}$, $\mathrm{Pl}_R(X) = \dfrac{|\overline{R}X|}{|U|}$, 则有

(1) $\mathrm{Bel}_R(X) \leqslant \mathrm{Pl}_R(X)$;

(2) $\mathrm{Bel}_R(\varnothing) = \mathrm{Pl}_R(\varnothing) = 0$, $\mathrm{Bel}_R(U) = \mathrm{Pl}_R(U) = 1$;

(3) $\mathrm{Bel}_R(X) = 1 - \mathrm{Pl}_R\left(X^{\mathrm{C}}\right)$, $\mathrm{Pl}_R(X) = 1 - \mathrm{Bel}_R\left(X^{\mathrm{C}}\right)$;

(4) 设 $U/R = \{R_1, R_2, \cdots, R_l\}$, 则 $\mathrm{Bel}_R(X) = \sum_{R_i \subseteq X} \dfrac{|R_i|}{|U|}$, $\mathrm{Pl}_R(X) = \sum_{R_i \cap X \neq \varnothing} \dfrac{|R_i|}{|U|}$.

定理的证明根据近似算子的性质易得, 留作课后练习. 事实上, (4) 说明 $\mathrm{Bel}_R(X)$ 和 $\mathrm{Pl}_R(X)$ 分别是证据理论中的信任函数和似然函数, 有兴趣的同学可以查阅参考文献 [10].

习 题 4

1. 试证明集合上、下近似的两个定义的等价性并证明 $\overline{R}X = \bigcup\{[x]_R : x \in X\}$.

2. 试用可定义集合的交运算给出集合上、下近似的表达式.
3. 试证明定理 4.2.1 的另一部分.
4. 试证明定理 4.2.2.
5. 试证明定理 4.3.4.
6. 试证明定理 4.3.3 中 $L(X) = \underline{\mathrm{apr}}_R X$.
7. 试证明引理 4.4.1.
8. 试证明 $\mathrm{Core}_C(D) = \bigcap \mathrm{RED}_C(D)$.
9. 试证明 $a \in \mathrm{Core}_C(D) \Leftrightarrow \exists c_{ij} = \{a\}$.
10. 举例说明最小约简不是唯一的.
11. 试证明定理 4.5.2.
12. 集族 $C = \{C \in P(U) : \bigcup C = U\}$ 称为论域 U 的一个覆盖，试考虑什么样的数据集能够导出论域的覆盖？并利用覆盖 C 替代划分来定义集合的上、下近似.
13. 试利用依赖函数给出计算属性约简的启发式算法.
14. 如果想针对某个具体的决策类提取关键属性，我们就有了局部约简的思想. 试定义局部约简并给出算法.
15. 属性约简的目的是保持每一条确定性规则的置信度不变, 这个要求在实际问题中有些苛刻. 如果我们把这个要求放松为删除某些属性之后保持每一条置信度很大的可能性规则的置信度不减少, 试定义属性约简并给出算法.
16. 试讨论粗糙熵与属性约简之间的关系.
17. 试讨论 $\mathrm{Bel}_R(X)$ 与属性约简之间的关系.

第 5 章　模糊粗糙集及其数学结构

5.1　模糊集合的上、下近似

从数学的角度来看, 经典粗糙集理论的基本思想就是利用等价关系定义集合的上、下近似. 既然在模糊数学里有了模糊集合和模糊等价关系的概念, 自然就会想到能否利用模糊等价关系定义模糊集合的上、下近似. 经典粗糙集理论的一个局限是它只能处理属性为符号值的数据集. 而在实际问题中的大量数据集都具有不同类型的属性值, 比如集值的、实数值的、区间值的等. 显然不适合用等价关系去表示这些属性刻画的对象之间的关系, 即经典的粗糙集不再适合处理此类复杂数据. 为此，学者们把粗糙集和模糊集的思想结合起来, 提出了模糊粗糙集理论.

定义 5.1.1　设 U 是一个非空论域 (不要求是有限的), R 是 U 上的模糊等价关系, 对任意的 $A \in F(U)$, 定义 A 的上、下近似集合如下:

$$(R^*A)(x) = \sup_{u\in U} \min\{R(x,u), A(u)\},$$

$$(R_*A)(x) = \inf_{u\in U} \max\{1 - R(x,u), A(u)\}.$$

如果 A 是一个模糊概念, 那么 $(R^*A)(x)$ 和 $(R_*A)(x)$ 可以分别解释为相对于 R, x 属于 A 的最大和最小可能的程度.

以上定义的 R^* 和 R_* 确实分别是经典粗糙集中 $\overline{R}$ 和 $\underline{R}$ 的推广. 首先如果 U 是有限的, 模糊等价关系 R 退化为经典的等价关系, A 退化为经典的集合, 则 R^* 退化为经典粗糙集中的上近似算子, R_* 退化为经典粗糙集中的下近似算子, 我们下面来验证这一点. 事实上, 有

$$\begin{aligned}(R^*A)(x) = 1 &\Leftrightarrow \exists u_0, \min\{R(x,u_0), A(u_0)\} = 1\\ &\Leftrightarrow u_0 \in [x]_R \bigwedge u_0 \in A\\ &\Leftrightarrow [x]_R \bigcap A \neq \varnothing\\ &\Leftrightarrow x \in \overline{R}A;\\ (R_*A)(x) = 0 &\Leftrightarrow \exists u_0, \max\{1 - R(x,u_0), A(u_0)\} = 0\\ &\Leftrightarrow (R(x,u_0) = 1) \bigwedge (A(u_0) = 0)\\ &\Leftrightarrow (u_0 \in [x]_R) \bigwedge (u_0 \notin A)\\ &\Leftrightarrow x \notin \underline{R}A.\end{aligned}$$

其次 R^* 和 R_* 确实可以如 $\overline{R}$ 和 $\underline{R}$ 那样表示成某些模糊集合的并集. 我们看下面的定理.

定理 5.1.1 (1) 令 $[x_\lambda]_R(y) = R(x,y) \bigwedge \lambda$, 则有 $R^*A = \bigcup_{x_\lambda \in A}[x_\lambda]_R$;

(2) 令 $(x_\lambda)_R(y) = \begin{cases} 0, & 1-R(x,y) \geqslant \lambda, \\ \lambda, & 1-R(x,y) < \lambda, \end{cases}$ 则 $R_*A = \bigcup\{(x_\lambda)_R : (x_\lambda)_R \subseteq A\}$.

证明 (1) 留作书后习题.

(2) 首先证对 $\forall (x_\lambda)_R \subseteq A$, 有 $(x_\lambda)_R \subseteq R_*A$. 对 $\forall z \in U$, 若 $1-R(x,z) \geqslant \lambda$, 则有 $(x_\lambda)_R(z) = 0 \leqslant (R_*A)(z)$. 若 $1-R(x,z) < \lambda$, 则有 $(x_\lambda)_R(z) = \lambda$. 此时有

$$(R_*A)(z) = \inf_{y\in U} \max\{1-R(z,y), A(y)\}.$$

(i) 若 $1-R(x,y) < \lambda$, 则有 $(x_\lambda)_R(y) = \lambda \leqslant A(y)$. 此时有

$$\max\{1-R(z,y), A(y)\} \geqslant \lambda.$$

(ii) 若 $1-R(x,y) \geqslant \lambda$, 由于 $1-R(x,z) < \lambda$, 因此 $R(x,y) < R(x,z)$, 由第 3 章习题 9 知, $R(x,y) = R(y,z)$, 因此 $1-R(z,y) = 1-R(x,y) \geqslant \lambda$, 故有 $\max\{1-R(z,y), A(y)\} \geqslant \lambda$.

综合 (i) 和 (ii) 有

$$(R_*A)(z) = \inf_{y\in U} \max\{1-R(z,y), A(y)\} \geqslant \lambda = (x_\lambda)_R(z),$$

即 $(x_\lambda)_R \subseteq R_*A$, 因此 $R_*A \supseteq \bigcup\{(x_\lambda)_R : (x_\lambda)_R \subseteq A\}$.

下证若 $x_\lambda \subseteq R_*A$, 则 $(x_\lambda)_R \subseteq R_*A \subseteq A$.

若 $x_\lambda \subseteq R_*A$, 则有 $(R_*A)(x) = \inf_{y\in U} \max\{1-R(x,y), A(y)\} \geqslant \lambda$, 因此, 若 $1-R(x,y) < \lambda$, 则有 $A(y) \geqslant \lambda$. 对任意的 $\forall z \in U$,

(a) 若 $1-R(x,z) \geqslant \lambda$, 则有 $(x_\lambda)_R(z) = 0 \leqslant A(z)$.

(b) 若 $1-R(x,z) < \lambda$, 则有 $(x_\lambda)_R(z) = \lambda$. 此时 $(R_*A)(z) = \inf_{y\in U} \max\{1-R(z,y), A(y)\}$. 若 $1-R(z,y) \geqslant \lambda$, 则 $\max\{1-R(z,y), A(y)\} \geqslant \lambda$. 若 $1-R(z,y) < \lambda$, 则 $1-R(x,y) \leqslant \max\{1-R(z,y), 1-R(x,z)\} < \lambda$, 即 $A(y) \geqslant \lambda$, 从而依然有 $\max\{1-R(z,y), A(y)\} \geqslant \lambda$. 因此 $A(z) \geqslant (R_*A)(z) = \inf_{y\in U} \max\{1-R(z,y), A(y)\} \geqslant \lambda = (x_\lambda)_R(z)$.

综合 (a) 和 (b), 若 $x_\lambda \subseteq R_*A$, 则 $(x_\lambda)_R \subseteq A$ 成立. 因此有

$$R_*A = \bigcup\{x_\lambda : x_\lambda \subseteq R_*A\} \subseteq \bigcup\{(x_\lambda)_R : (x_\lambda)_R \subseteq A\}.$$

推论 5.1.1 $x_\lambda \subseteq R_*A \Leftrightarrow (x_\lambda)_R \subseteq R_*A \Leftrightarrow (x_\lambda)_R \subseteq A$.

推论 5.1.2　$R^*[x_\lambda]_R=[x_\lambda]_R$，$R_*(x_\lambda)_R-(x_\lambda)_R$.

推论 5.1.3　若 $R\subseteq Q$, 则有 $Q_*A\subseteq R_*A\subseteq R^*A\subseteq Q^*A$.

这三个推论的证明留作习题.

读者自然会注意到在定理 5.1.1 中构造上近似模糊集和下近似模糊集所采取的基本模糊集是不一样的, 事实上, 我们可以利用 $[x_\lambda]_R$ 在更一般的框架下来得到另外的模糊集下近似的表达式, 这一部分内容放到 5.3 节介绍.

例 5.1.1　设 $U=\{u_1,u_2,\cdots,u_7\}$, $A=\{0.6,0.5,1,0.3,0.4,0.9,0.8\}$,

$$R=\begin{pmatrix}1&0.9&0.7&0.9&0.8&1&0.9\\0.9&1&0.7&1&0.8&0.9&1\\0.7&0.7&1&0.7&0.7&0.7&0.7\\0.9&1&0.7&1&0.8&0.9&1\\0.8&0.8&0.7&0.8&1&0.8&0.8\\1&0.9&0.7&0.9&0.8&1&0.9\\0.9&1&0.7&1&0.8&0.9&1\end{pmatrix}.$$

由例3.2.1知 R 是 U 上的模糊等价关系, 则 $R^*A=\{0.9,0.9,1,0.9,0.8,0.9,0.9\}$, $R_*A=\{0.3,0.3,0.3,0.3,0.3,0.3,0.3\}$.

模糊集合的上近似和下近似满足下面的性质.

定理 5.1.2　(1) $R_*U=U, R^*\varnothing=\varnothing$;

(2) $R_*(A\bigcap B)=R_*A\bigcap R_*B, R^*(A\bigcup B)=R^*A\bigcup R^*B$;

(3) $(R_*A)^{\mathrm{C}}=R^*\left(A^{\mathrm{C}}\right),(R^*A)^{\mathrm{C}}=R_*\left(A^{\mathrm{C}}\right)$;

(4) $R_*A\subseteq A\subseteq R^*A$;

(5) $R_*(U-\{y\})(x)=R_*(U-\{x\})(y), R^*x_1(y)=R^*y_1(x)$;

(6) $R_*A=R_*(R_*A), R^*A=R^*(R^*A)$.

证明　(1) 的证明为显然. (2)—(6) 的证明只证后一式, 前一式的证明留作习题.

(2) 对 $\forall x\in U$,

$$\begin{aligned}(R^*(A\bigcup B))(x)&=\sup_{u\in U}\min\{R(x,u),A(u)\bigvee B(u)\}\\&=\sup_{u\in U}\max\{R(x,u)\bigwedge A(u),R(x,u)\bigwedge B(u)\}\\&=\max\left\{\sup_{u\in U}R(x,u)\bigwedge A(u),\sup_{u\in U}R(x,u)\bigwedge B(u)\right\}\\&=(R^*A\bigcup R^*B)(x).\end{aligned}$$

(3) $\left(R^{*}A\right)^{\mathrm{C}}(x)=1-R^{*}A(x)=1-\sup\limits_{u\in U}\min\left\{R(x,u),A(u)\right\}$

$$=\inf_{u\in U}\max\left\{1-R(x,u),1-A(u)\right\}=\left(R_{*}\left(A^{\mathrm{C}}\right)\right)(x).$$

(4) $R^{*}A(x)=\sup_{u\in U}\min\left\{R(x,u),A(u)\right\}\geqslant\min\left\{R(x,x),A(x)\right\}=A(x)$.

(5) $R^{*}x_1(y)=R(x,y)=R^{*}y_1(x)$.

(6) $R^{*}A\subseteq R^{*}\left(R^{*}A\right)$ 为显然.

$$\begin{aligned}R^{*}\left(R^{*}A\right)(x)&=\sup_{y\in U}\min\left\{R(x,y),R^{*}A(y)\right\}\\&=\sup_{y\in U}\min\left\{R(x,y),\sup_{z\in U}\min\left\{R(y,z),A(z)\right\}\right\}\\&=\sup_{y\in U}\sup_{z\in U}\min\left\{R(x,y),R(y,z),A(z)\right\}\\&=\sup_{z\in U}\sup_{y\in U}\min\left\{\min\left\{R(x,y),R(y,z)\right\},A(z)\right\}\\&\leqslant\sup_{z\in U}\min\left\{R(x,z),A(z)\right\}=R^{*}A(x).\end{aligned}$$

5.2 基于模糊粗糙集的属性约简

在许多的实际问题中人们得到的训练数据往往是不充分的. 一种不充分性就是本章中着重强调的由人们认识水平和条件的限制导致的条件属性和决策之间的不一致性. 在 3.5 节中我们指出对实数值条件属性来说这种不一致性主要的表现方式就是两个具有很相似条件属性值的对象却属于不同的决策类. 对于存在这种条件属性和决策之间不一致性的数据, 根据条件属性不能完全地确定具体的对象是否一定属于其所在的决策类, 只能得到其属于所在决策类的程度. 也就是说, 根据条件属性可以确定每一个训练样本属于其所在决策类的隶属度.

模糊粗糙集主要就是用来描述和处理数据中这种条件属性和决策之间的不一致性. 根据下近似算子, 对每一个训练样本可以计算出属于其所在决策类的确定程度. 本节将要利用这种确定程度来处理属性取实数值的决策系统. 以下假定决策系统中的条件属性取实数值.

设 $(U,C\bigcup D)$ 是一个决策系统, D 是决策属性且 $U/D=\{D_1,D_2,\cdots,D_l\}$. 对 $\forall a\in C$, 按照第 3 章的方法可以定义一个模糊等价关系 R_a. 令 $\boldsymbol{R}=\bigcap_{a\in C}R_a$, 则由第 3 章习题 10 知道 $\boldsymbol{R}$ 仍然是一个模糊等价关系. 对 $\forall x\in U$, 如果 $x\notin D_k$, 则 $\left(\boldsymbol{R}_{*}D_k\right)(x)=0$; 如果 $x\in D_k$, 则易得 $\left(\boldsymbol{R}_{*}D_k\right)(x)=\inf_{y\notin D_k}\left(1-\boldsymbol{R}(x,y)\right)$. 显然此时 $\left(\boldsymbol{R}_{*}D_k\right)(x)$ 是 3.5 节中给出的 s_i 在 $p=1$ 时的特殊情况, s_i 定量地刻画了

根据条件属性 x 属于 D_k 的确定性程度. $\mathrm{Pos}_{\boldsymbol{R}}\ (D) = \bigcup_{k=1}^{l} \boldsymbol{R}_* D_k$ 称为决策属性 D 相对于条件属性集合 C 的正域. $\mathrm{Pos}_{\boldsymbol{R}}(D)$ 是一个模糊集合. 显然如果 $x \in D_k$, 则 $\mathrm{Pos}_{\boldsymbol{R}}(D)(x) = (\boldsymbol{R}_* D_k)(x)$, 因而 $\mathrm{Pos}_{\boldsymbol{R}}(D)$ 定性地刻画了条件属性集合与决策属性之间的不一致程度. 根据推论 5.1.3, 若 $P \subset C$, $\mathrm{Pos}_{\boldsymbol{P}}(D) \subseteq \mathrm{Pos}_{\boldsymbol{R}}(D)$, 这里 $\boldsymbol{P} = \bigcap\{R_a : a \in P \subset C\}$. 即如果从条件属性集合中删除某些属性, 正域或者变小或者不变. 我们有下面保持正域不变的属性约简的定义.

定义 5.2.1 设 $\boldsymbol{P} = \bigcap\{R_a : a \in P \subset C\}$, 则称 $P \subset C$ 是 C 的相对于 D 的约简, 如果 P 是 C 的满足 $\mathrm{Pos}_{\boldsymbol{P}}(D) = \mathrm{Pos}_{\boldsymbol{R}}(D)$ 的极小子集. 若 $\mathrm{Pos}_{\boldsymbol{R}-\{a\}}(D) \neq \mathrm{Pos}_{\boldsymbol{R}}(D)$, 则称 a 在 C 中是必要的, C 中全体相对于 D 的必要元素集合称为 C 相对于 D 的核心, 记为 $\mathrm{Core}_C(D)$. 如果用 $\mathrm{RED}_C(D)$ 表示 C 相对于 D 的全部属性约简集合, 则易证 $\mathrm{Core}_C(D)$ 恰好是全部属性约简的交集, 即 $\mathrm{Core}_C(D) = \bigcap \mathrm{RED}_C(D)$.

作为研究约简的结构和计算的预备工作, 以下先来研究 $P \subset C$ 是 C 的约简的条件. 由于等价类交集为空集, 因而 $\mathrm{Pos}_{\boldsymbol{P}}(D) = \mathrm{Pos}_{\boldsymbol{R}}(D)$ 等价于 $\boldsymbol{R}_* D_k = \boldsymbol{P}_* D_k$. 根据定理 5.1.1, 对每一个 $D_k \in U/D$ 有 $\boldsymbol{R}_* D_k = \bigcup\{(x_\lambda)_{\boldsymbol{R}} : (x_\lambda)_{\boldsymbol{R}} \subseteq D_k\}$. 易知 $(x_\lambda)_{\boldsymbol{R}} \subseteq (x_\lambda)_{\boldsymbol{P}}$ 和 $(\boldsymbol{R}_* D_k)(x) \geqslant (\boldsymbol{P}_* D_k)(x)$, 因而保持 $(\boldsymbol{R}_* D_k)(x) = (\boldsymbol{P}_* D_k)(x)$ 等价于对 $(x_\lambda)_{\boldsymbol{R}} \subseteq D_k$ 保持 $(x_\lambda)_{\boldsymbol{P}} \subseteq D_k$ 成立.

定理 5.2.1 设 $P \subset C$, 则 $\mathrm{Pos}_{\boldsymbol{P}}(D) = \mathrm{Pos}_{\boldsymbol{R}}(D)$ 当且仅当对 $\forall x \in U$, $\left(x_{\lambda(x)}\right)_{\boldsymbol{P}} \subseteq [x]_D$, 这里 $\lambda(x) = (\boldsymbol{R}_* [x]_D)(x)$.

证明 对 $\forall x \in U$, 若 $x \in D_k$, 则 $[x]_D = D_k$. 故 $\boldsymbol{R}_* D_k = \boldsymbol{P}_* D_k$ 等价于对 $(y_\lambda)_{\boldsymbol{R}} \subseteq [x]_D$ 保持 $(y_\lambda)_{\boldsymbol{P}} \subseteq [x]_D$. 又由于 $y \in [x]_D \Leftrightarrow [x]_D = [y]_D$, 因此 $\boldsymbol{R}_* D_k = \boldsymbol{P}_* D_k$ 等价于对 $(x_\lambda)_{\boldsymbol{R}} \subseteq [x]_D$ 保持 $(x_\lambda)_{\boldsymbol{P}} \subseteq [x]_D$. 由于对 $\forall (x_\lambda)_{\boldsymbol{R}} \subseteq [x]_D$ 有 $(x_\lambda)_{\boldsymbol{R}} \subseteq \left(x_{\lambda(x)}\right)_{\boldsymbol{R}} \subseteq [x]_D$, 所以 $\boldsymbol{R}_* D_k = \boldsymbol{P}_* D_k$ 等价于 $\forall x \in D_k, \left(x_{\lambda(x)}\right)_{\boldsymbol{P}} \subseteq [x]_D$, 从而定理结论成立.

显然对 $x \notin D_k, \boldsymbol{R}_* D_k(x) = 0$. 对 $x \in D_k, (x_\lambda)_{\boldsymbol{R}} \subseteq D_k$ 当且仅当对 $\forall z \notin D_k$, $(x_\lambda)_{\boldsymbol{R}}(z) = 0$. 马上可得以下刻画相对约简的结论.

定理 5.2.2 $P \subset C$ 包含 C 的一个约简当且仅当对 $\forall x, z \in U$ 和 $z \notin [x]_D$, 有 $\left(x_{\lambda(x)}\right)_{\boldsymbol{P}}(z) = 0$.

定理 5.2.3 $P \subset C$ 包含 C 的一个约简当且仅当对 $\forall x, z \in U$ 和 $z \notin [x]_D$, 存在 $a \in P$ 使得 $1 - R_a(x, z) \geqslant \lambda(x)$.

证明留作习题.

显然 P 是 C 的约简当且仅当 P 是 C 的满足定理 5.2.3 的极小子集. 定理 5.2.3 中的条件可以用来设计计算约简的算法.

设 $U=\{x_1,x_2,\cdots,x_n\}$, 令 $M_C(D)$ 表示一个 $n\times n$ 矩阵 (c_{ij}), 称为决策系统 $(U,C\bigcup D)$ 的辨识矩阵, 这里 $c_{ij}=\{a\in C:1-R_a(x_i,x_j)\geqslant\lambda(x_i)\}$, 如果 $D(x_i)\neq D(x_j)$; 否则 $c_{ij}=\varnothing$.

需要指出的是 $M_C(D)$ 不必是对称的. 我们有与 4.4 节中计算约简的一样的算法, 具体证明略去. 下面用一个例子来说明本节中的主要方法.

例 5.2.1 考虑一个信用卡申请人评估问题. 设 $U=\{x_1,x_2,\cdots,x_9\}$ 是 9 个申请人的集合, 有 6 个模糊属性来评估这些申请人: $C_1=$ 教育程度很高, $C_2=$ 教育程度较高, $C_3=$ 教育程度一般, $C_4=$ 收入很高, $C_5=$ 收入中等, $C_6=$ 收入低. 表 5.2.1 列出了每个申请人对每个模糊属性的隶属度.

表 5.2.1 信用卡申请人数据表

	C_1	C_2	C_3	C_4	C_5	C_6
x_1	0.8	0.1	0.1	0.5	0.2	0.3
x_2	0.3	0.5	0.2	0.8	0.1	0.1
x_3	0.2	0.2	0.6	0.7	0.3	0.2
x_4	0.6	0.3	0.1	0.2	0.5	0.3
x_5	0.3	0.4	0.3	0.3	0.6	0.1
x_6	0.2	0.3	0.5	0.3	0.5	0.2
x_7	0.3	0.3	0.4	0.2	0.6	0.2
x_8	0.3	0.4	0.3	0.1	0.4	0.5
x_9	0.3	0.2	0.5	0.4	0.4	0.2

根据模糊等价关系的构造知, 利用每一个模糊属性 C_k 可以定义一个模糊等价关系 R_k 为

$$R_k(x_i,x_j)=\begin{cases}\min\{C_k(x_i),C_j(x_i)\}, & i\neq j,\\ 1, & i=j,\end{cases}$$

计算如下:

$$R_1=\begin{pmatrix}1 & 0.3 & 0.2 & 0.6 & 0.3 & 0.2 & 0.3 & 0.3 & 0.3\\ & 1 & 0.2 & 0.3 & 0.3 & 0.2 & 0.3 & 0.3 & 0.3\\ & & 1 & 0.2 & 0.2 & 0.2 & 0.2 & 0.2 & 0.2\\ & & & 1 & 0.3 & 0.2 & 0.3 & 0.3 & 0.3\\ & & & & 1 & 0.2 & 0.3 & 0.3 & 0.3\\ & & & & & 1 & 0.2 & 0.2 & 0.2\\ & & & & & & 1 & 0.3 & 0.3\\ & & & & & & & 1 & 0.3\\ & & & & & & & & 1\end{pmatrix},$$

$$R_2 = \begin{pmatrix} 1 & 0.1 & 0.1 & 0.1 & 0.1 & 0.1 & 0.1 & 0.1 & 0.1 \\ & 1 & 0.2 & 0.3 & 0.4 & 0.3 & 0.3 & 0.4 & 0.2 \\ & & 1 & 0.2 & 0.2 & 0.2 & 0.2 & 0.2 & 0.2 \\ & & & 1 & 0.3 & 0.2 & 0.3 & 0.3 & 0.3 \\ & & & & 1 & 0.3 & 0.3 & 0.4 & 0.2 \\ & & & & & 1 & 0.3 & 0.3 & 0.2 \\ & & & & & & 1 & 0.3 & 0.2 \\ & & & & & & & 1 & 0.2 \\ & & & & & & & & 1 \end{pmatrix},$$

$$R_3 = \begin{pmatrix} 1 & 0.1 & 0.1 & 0.1 & 0.1 & 0.1 & 0.1 & 0.1 & 0.1 \\ & 1 & 0.2 & 0.1 & 0.2 & 0.2 & 0.2 & 0.2 & 0.2 \\ & & 1 & 0.1 & 0.3 & 0.5 & 0.4 & 0.3 & 0.5 \\ & & & 1 & 0.1 & 0.1 & 0.1 & 0.1 & 0.1 \\ & & & & 1 & 0.3 & 0.3 & 0.3 & 0.3 \\ & & & & & 1 & 0.4 & 0.3 & 0.5 \\ & & & & & & 1 & 0.3 & 0.4 \\ & & & & & & & 1 & 0.3 \\ & & & & & & & & 1 \end{pmatrix},$$

$$R_4 = \begin{pmatrix} 1 & 0.5 & 0.5 & 0.2 & 0.3 & 0.3 & 0.2 & 0.1 & 0.4 \\ & 1 & 0.7 & 0.2 & 0.3 & 0.3 & 0.2 & 0.1 & 0.4 \\ & & 1 & 0.2 & 0.3 & 0.3 & 0.2 & 0.1 & 0.4 \\ & & & 1 & 0.2 & 0.2 & 0.2 & 0.1 & 0.2 \\ & & & & 1 & 0.3 & 0.2 & 0.1 & 0.3 \\ & & & & & 1 & 0.2 & 0.1 & 0.3 \\ & & & & & & 1 & 0.1 & 0.2 \\ & & & & & & & 1 & 0.1 \\ & & & & & & & & 1 \end{pmatrix},$$

$$R_5 = \begin{pmatrix} 1 & 0.1 & 0.2 & 0.2 & 0.2 & 0.2 & 0.2 & 0.2 & 0.2 \\ & 1 & 0.1 & 0.1 & 0.1 & 0.1 & 0.1 & 0.1 & 0.1 \\ & & 1 & 0.3 & 0.3 & 0.3 & 0.3 & 0.3 & 0.3 \\ & & & 1 & 0.5 & 0.5 & 0.5 & 0.4 & 0.4 \\ & & & & 1 & 0.5 & 0.6 & 0.4 & 0.4 \\ & & & & & 1 & 0.5 & 0.4 & 0.4 \\ & & & & & & 1 & 0.4 & 0.4 \\ & & & & & & & 1 & 0.4 \\ & & & & & & & & 1 \end{pmatrix},$$

$$R_6=\begin{pmatrix}1&0.1&0.2&0.3&0.1&0.2&0.2&0.3&0.2\\ &1&0.1&0.1&0.1&0.1&0.1&0.1&0.1\\ &&1&0.2&0.1&0.2&0.2&0.2&0.2\\ &&&1&0.1&0.2&0.2&0.3&0.2\\ &&&&1&0.1&0.1&0.1&0.1\\ &&&&&1&0.2&0.2&0.2\\ &&&&&&1&0.2&0.2\\ &&&&&&&1&0.2\\ &&&&&&&&1\end{pmatrix},$$

$$\boldsymbol{R}=\bigcap_{i=1}^{6}R_i=\begin{pmatrix}1&0.1&0.1&0.1&0.1&0.1&0.1&0.1&0.1\\ &1&0.1&0.1&0.1&0.1&0.1&0.1&0.1\\ &&1&0.1&0.1&0.2&0.2&0.1&0.2\\ &&&1&0.1&0.1&0.1&0.1&0.1\\ &&&&1&0.1&0.1&0.1&0.1\\ &&&&&1&0.2&0.1&0.2\\ &&&&&&1&0.1&0.2\\ &&&&&&&1&0.1\\ &&&&&&&&1\end{pmatrix}.$$

假设决策划分为: $A=\{x_1,x_2,x_4,x_7\}$, $B=\{x_3,x_5,x_6,x_8,x_9\}$, 则

$$\boldsymbol{R}_*A=\frac{0.9}{x_1}+\frac{0.9}{x_2}+\frac{0.9}{x_4}+\frac{0.8}{x_7},\quad \boldsymbol{R}_*B=\frac{0.8}{x_3}+\frac{0.9}{x_5}+\frac{0.8}{x_6}+\frac{0.9}{x_8}+\frac{0.8}{x_9},$$

于是

$$M_C(D)=\begin{pmatrix} & & 23 & & 236 & 23 & & 234 & 23\\ & & 56 & & 56 & 56 & & 456 & 56\\ 12356 & 12356 & & & 12346 & & 1246 & & \\ & & 3 & & 36 & 3 & & 34 & 3\\ 236 & 56 & & 36 & & & 6 & & \\ 12356 & 1356 & & 1346 & & & 146 & & \\ & & 1246 & & 46 & 146 & & 246 & 246\\ 234 & 456 & & 34 & & & 4 & & \\ 2356 & 2356 & & 2346 & & & 246 & & \end{pmatrix},$$

这里 $k\in c_{ij}$ 意指 $C_k\in c_{ij}$,$k=1,2,\cdots,6$. 易得 $\{C_3,C_4,C_6\}$ 是唯一的相对约简.

5.3 基于模糊相似关系的模糊粗糙集

5.1 节利用模糊等价关系定义了模糊集合上、下近似的隶属函数, 并指出模糊集合的上、下近似可以由某些模糊集合的并集得到. 自然地, 我们就会思考如下两个问题: ① 正如第 3 章指出的, 模糊等价关系是特殊的模糊相似关系, 并且模糊相似关系在实际问题中更为常用, 能否利用模糊相似关系定义模糊集合的上、下近似? ② 能否先定义类似于等价类的模糊集合作为基本模块, 然后按照构造经典集合上、下近似的方式来得到模糊集合的上、下近似? 本节将回答这两个问题. 首先介绍基于三角范数的蕴涵算子的概念.

设 T 是三角范数, 定义 $\vartheta_T(\alpha,\gamma)=\sup\{\theta\in[0,1]:T(\alpha,\theta)\leqslant\gamma\}$, 称 ϑ_T 为基于三角范数 T 的蕴涵算子. 如果 T 是下半连续的, 则称 ϑ_T 为 T 的剩余蕴涵, 或 T-剩余蕴涵.

以下假设 T 是下半连续的, 由于 T 对每个变量都单调增加, 这样就有 $T(\alpha,\sup_{t\in\mathrm{T}}\beta_t)=\sup_{t\in\mathrm{T}}T(\alpha,\beta_t)$, 这个性质在后面定理 5.3.2 和定理 5.3.3 的证明中会用到. 常用的剩余蕴涵主要有以下四种:

(1) T_M 剩余蕴涵: $\vartheta_M(x,y)=\begin{cases}1, & x\leqslant y,\\ y, & x>y;\end{cases}$

(2) T_P 剩余蕴涵: $\vartheta_P(x,y)=\begin{cases}1, & x\leqslant y,\\ \dfrac{y}{x}, & x>y;\end{cases}$

(3) T_L 剩余蕴涵: $\vartheta_L(x,y)=\min\{1,1-x+y\}$;

(4) $T_{\cos}$ 剩余蕴涵: $\vartheta_{\cos}(x,y)=\begin{cases}1, & x\leqslant y,\\ xy+\sqrt{(1-x^2)(1-y^2)}, & x>y.\end{cases}$

下面我们利用模糊相似关系给出基本模糊集合. 在经典集合论中, 点是构成集合的最小单位, 论域中每个元素利用等价关系可以定义其等价类以构造集合的上、下近似. 如同我们在第 2 章中指出的那样, 对模糊集合来说, 模糊点是基本单位, 每一个模糊集合都可以写成被其包含的模糊点的并集, 因此首先利用模糊相似关系定义模糊点的模糊等价类.

定义 5.3.1 设 U 是非空论域, x_λ 是模糊点, R 是 U 上的一个 T-模糊相似关系, 定义 $[x_\lambda]_R^T(y)=T(R(x,y),\lambda)$, 称 $[x_\lambda]_R^T$ 为模糊点 x_λ 相对于 T-模糊相似关系 R 的模糊等价类.

5.1 节中的 $[x_\lambda]_R$ 显然是 $[x_\lambda]_R^T$ 在 $T=T_M$ 的特殊情况.

定理 5.3.1 对任意的 $x,y,z\in U,\lambda\in(0,1]$, 模糊集合 $[x_\lambda]_R^T$ 满足以下性质:

(1) $[x_\lambda]_R^T(x)=\lambda$;

(2) $[y_\lambda]_R^T(x) = [x_\lambda]_R^T(y)$;

(3) $[x_\lambda]_R^T(y) \geqslant \sup_{z\in U} T([x_\lambda]_R^T(z), [z_\lambda]_R^T(y))$.

定理的证明很简单, 留给读者作为练习题.

令 $M_R^T = \left\{[x_\lambda]_R^T : x \in U, \lambda \in (0,1]\right\}$, 下面利用 M_R^T 中的元素来构造模糊集合的上、下近似集合.

定义 5.3.2 设 U 是非空论域, R 是 U 上的一个 T-模糊相似关系, ϑ 为基于三角范数 T 的蕴涵算子. 对任意的 $A \in F(U)$, 定义

$$\underline{R_\vartheta} A = \bigcup\left\{[x_\lambda]_R^T : [x_\lambda]_R^T \subseteq A\right\}, \quad \overline{R_T} A = \bigcup\left\{\left[x_{A(x)}\right]_R^T : x \in U\right\}.$$

在经典粗糙集理论中每一个等价类都是极小的, 我们把等价类看成构造集合上、下近似的基本颗粒, $\underline{R}X = \{x : [x]_R \subseteq X\}$, 因此 $\underline{R}X$ 可以容易地解释为被 X 包含的基本颗粒的并. $\overline{R}X = \bigcup\{[x]_R : [x]_R \bigcap X \neq \varnothing\} = \bigcup\{[x]_R : x \in X\}$, 这里可以给出 $\overline{R}X$ 的两种等价解释: 一种是所有与 X 交非空的基本颗粒的并; 另一种是 X 中的元素所属的极小基本颗粒的并.

如果把 M_R^T 作为基本颗粒集合, 显然 $\underline{R_\vartheta}$ 的粒结构说明它是按照上面对 $\underline{R}$ 的解释的直接推广. 注意到对任意的 $x \in U$, 包含 $x_{A(x)}$ 的基本颗粒并不唯一, 因此上面对 $\overline{R}$ 的两种解释对于模糊集合的情况就不再等价. 根据定理 2.2.4 中的 (2) 有 $A = \bigcup_{x\in U} x_{A(x)}$, 由于 $\left[x_{A(x)}\right]_R^T$ 是基本颗粒中包含 $x_{A(x)}$ 的极小元, 因而 $\overline{R_T}$ 是按照上面对 $\overline{R}$ 的第二种解释的直接推广. 显然, 如果定义模糊集合 A 的上近似为所有与 A 交非空的基本颗粒的并, 则会导致采用太多很大的颗粒计算上近似的问题, 读者可以自行举例来说明这样的定义显然是不合理的.

下面的定理给出 $\underline{R_\vartheta}A$ 和 $\overline{R_T}A$ 隶属函数形式的表达式.

定理 5.3.2 $\underline{R_\vartheta}A(x) = \inf_{y\in U} \vartheta(R(x,y), A(y))$, $\overline{R_T}A(x) = \sup_{y\in U} T(R(x, y), A(y))$.

证明 对任意的 $x \in U$,

$$\begin{aligned}\overline{R_T}A(x) &= \left(\bigcup\left\{\left[y_{A(y)}\right]_R^T : y \in U\right\}\right)(x)\\ &= \sup_{y\in U}\left[y_{A(y)}\right]_R^T(x) = \sup_{y\in U} T(R(x,y), A(y)).\end{aligned}$$

设 $\lambda = \underline{R_\vartheta}A(x)$. 则有

$$\begin{aligned}[x_\lambda]_R^T(y) &= T(R(x,y),\lambda) = T\left(R(x,y), \sup\left\{[z_\gamma]_R^T(x) : [z_\gamma]_R^T \subseteq A\right\}\right)\\ &= \sup\{T(R(x,y), T(R(z,x),\gamma)) : [z_\gamma]_R^T \subseteq A\}\\ &\leqslant \sup\{T(R(z,y),\gamma) : [z_\gamma]_R^T \subseteq A\} = \underline{R_\vartheta}A(y),\end{aligned}$$

因此 $[x_\lambda]_R^T \subseteq \underline{R_\vartheta}A$ 成立, 且对任意的 $\lambda' > \lambda$, 显然 $[x_{\lambda'}]_R^T$ 不能被 A 包含, 否则 $\underline{R_\vartheta}A(x) \geqslant \lambda'$ 与 $\lambda = \underline{R_\vartheta}A(x)$ 矛盾, 即 $[x_\lambda]_R^T$ 是链 $\{[x_\beta]_R^T : \beta \in [0,1]\}$ 中被 A 包含的元素中的最大元.

另一方面, 对 $u \in U$ 和所有满足 $[x_{\beta(u)}]_R^T(u) \leqslant A(u)$ 的 $[x_{\beta(u)}]_R^T$ 有 $[x_\lambda]_R^T \subseteq \bigcup[x_{\beta(u)}]_R^T$ 且 $[x_\lambda]_R^T \subseteq \bigcap_{u\in U}\left(\bigcup[x_{\beta(u)}]_R^T\right)$, 这是因为 $[x_\lambda]_R^T$ 也满足 $[x_\lambda]_R^T(u) \leqslant A(u)$. 又因为 $\bigcup[x_{\beta(u)}]_R^T = [x_{\bigvee\beta(u)}]_R^T$, 故 $\bigcap_{u\in U}\left(\bigcup[x_{\beta(u)}]_R^T\right) = [x_{\bigwedge_{u\in U}(\bigvee\beta(u))}]_R^T \subseteq A$, 于是有 $\bigcap_{u\in U}\left(\bigcup[x_{\beta(u)}]_R^T\right) \subseteq [x_\lambda]_R^T$, 因此有 $[x_\lambda]_R^T = \bigcap_{u\in U}\left(\bigcup[x_{\beta(u)}]_R^T\right)$, 即有

$$\begin{aligned}\lambda = [x_\lambda]_R^T(x) &= \inf_{u\in U}\sup\{[x_{\beta(u)}]_R^T(x) : [x_{\beta(u)}]_R^T(u) \leqslant A(u)\}\\&= \inf_{u\in U}\sup\{\beta(u) : T(R(x,u),\beta(u)) \leqslant A(u)\}\\&= \inf_{u\in U}\vartheta(R(x,u),A(u)).\end{aligned}$$

$\underline{R_\vartheta}A$ 和 $\overline{R_T}A$ 满足以下基本性质.

定理 5.3.3　设 U 是一个非空论域, R 是 U 上一个 T-模糊相似关系, 则 $\underline{R_\vartheta}A$ 和 $\overline{R_T}A$ 满足以下性质:

(1) $x_\lambda \subseteq \underline{R_\vartheta}A \Leftrightarrow [x_\lambda]_R^T \subseteq \underline{R_\vartheta}A$, $x_\lambda \subseteq \overline{R_T}A \Leftrightarrow [x_\lambda]_R^T \subseteq \overline{R_T}A$;

(2) $\underline{R_\vartheta}A \subseteq A \subseteq \overline{R_T}A$;

(3) 对任意的 $\{A_i : i = 1,\cdots,n\} \subseteq F(U)$, $\underline{R_\vartheta}\left(\bigcap_{i=1}^n A_i\right) = \bigcap_{i=1}^n \underline{R_\vartheta}A_i$, $\overline{R_T}\left(\bigcup_{i=1}^n A_i\right) = \bigcup_{i=1}^n \overline{R_T}A_i$;

(4) $\underline{R_\vartheta}(\underline{R_\vartheta}A) = \underline{R_\vartheta}A$, $\overline{R_T}\left(\overline{R_T}A\right) = \overline{R_T}A$;

(5) $\overline{R_T}(\underline{R_\vartheta}A) = \underline{R_\vartheta}A$, $\underline{R_\vartheta}\left(\overline{R_T}A\right) = \overline{R_T}A$;

(6) $\underline{R_\vartheta}A = A \Leftrightarrow A = \overline{R_T}A$.

证明　(1) $x_\lambda \subseteq \overline{R_T}A \Leftrightarrow [x_\lambda]_R^T \subseteq \overline{R_T}A$ 的证明留给读者.

如果 $[x_\lambda]_R^T \subseteq \underline{R_\vartheta}A$, 显然有 $x_\lambda \subseteq \underline{R_\vartheta}A$.

反之, 若 $x_\lambda \subseteq \underline{R_\vartheta}A$, 则 $\lambda \leqslant \underline{R_\vartheta}A(x) = \inf_{y\in U}\vartheta(R(x,y),A(y))$. 于是对 $\forall y \in U$, 有

$$\begin{aligned}[x_\lambda]_R^T(y) &= T(R(x,y),\lambda) \leqslant T(R(x,y),\vartheta(R(x,y),A(y)))\\&= T(R(x,y),\sup\{\theta:\ T(R(x,y),\theta) \leqslant A(y)\})\\&= \sup\{T(R(x,y),\theta) : T(R(x,y),\theta) \leqslant A(y)\} = A(y),\end{aligned}$$

即 $[x_\lambda]_R^T \subseteq A$, 因此有 $[x_\lambda]_R^T \subseteq \underline{R_\vartheta}A$.

(2) 由上、下近似的定义易得.

(3) 由于 $\underline{R_\vartheta}\left(\bigcap_{i=1}^n A_i\right)=\bigcup\left\{[x_\lambda]_R^T:[x_\lambda]_R^T\subseteq\bigcap_{i=1}^n A_i\right\}$, 因此对任意的 $x\in U$,

$$
\begin{aligned}
x_\lambda\subseteq\underline{R_\vartheta}\left(\bigcap_{i=1}^n A_i\right)&\Leftrightarrow[x_\lambda]_R^T\subseteq\bigcap_{i=1}^n A_i\Leftrightarrow[x_\lambda]_R^T\subseteq A_i,i=1,\cdots,n\\
&\Leftrightarrow[x_\lambda]_R^T\subseteq\underline{R_\vartheta}\left(A_i\right),i=1,\cdots,n\\
&\Leftrightarrow[x_\lambda]_R^T\subseteq\bigcap_{i=1}^n\underline{R_\vartheta}\left(A_i\right)\\
&\Leftrightarrow x_\lambda\subseteq\bigcap_{i=1}^n\underline{R_\vartheta}\left(A_i\right).
\end{aligned}
$$

显然有 $\left(\overline{R_T}\left(\bigcup_{i=1}^n A_i\right)\right)\supseteq\bigcup_{i=1}^n\overline{R_T}A_i$.

对 $x_\lambda\subseteq\overline{R_T}\left(\bigcup_{i=1}^n A_i\right)$, 首先设 $\lambda<\left(\overline{R_T}\left(\bigcup_{i=1}^n A_i\right)\right)(x)$. 于是有

$$
\lambda<\left(\overline{R_T}\left(\bigcup_{i=1}^n A_i\right)\right)(x)=\sup\left\{\left[y_{\left(\bigcup_{i=1}^n A_i\right)(y)}\right]_R^T(x):y\in U\right\},
$$

因而存在 $y_0\in U$ 使得 $\lambda<\left[y_{0\left(\bigcup_{i=1}^n A_i\right)(y_0)}\right]_R^T(x)$, 进一步, 存在 i_0 使得 $\lambda<\left[y_{0\left(A_{i_0}\right)(y_0)}\right]_R^T(x)$, 即 $x_\lambda\subseteq\overline{R_T}\left(A_{i_0}\right)\subseteq\bigcup_{i=1}^n\overline{R_T}A_i$.

如果 $\lambda=\left(\overline{R_T}\left(\bigcup_{i=1}^n A_i\right)\right)(x)$, 由于 $x_\lambda=\bigcup\{x_\mu:\mu<\lambda\}$, 因而对 $\forall\mu<\lambda$, $x_\mu\subseteq\bigcup_{i=1}^n\overline{R_T}A_i$, 于是有 $x_\lambda\subseteq\bigcup_{i=1}^n\overline{R_T}A_i$.

(4) 由下近似的定义知 $x_\lambda\subseteq\underline{R_\vartheta}A\Leftrightarrow[x_\lambda]_R^T\subseteq\underline{R_\vartheta}A\Leftrightarrow[x_\lambda]_R^T\subseteq\underline{R_\vartheta}(\underline{R_\vartheta}A)\Leftrightarrow x_\lambda\subseteq\underline{R_\vartheta}(\underline{R_\vartheta}A)$, 因此有 $\underline{R_\vartheta}(\underline{R_\vartheta}A)=\underline{R_\vartheta}A$.

$\overline{R_T}\left(\overline{R_T}A\right)=\overline{R_T}A$ 留作课后习题.

(5) 对任意的 $x\in U$, $\overline{R_T}\left(\underline{R_\vartheta}A\right)\supseteq\underline{R_\vartheta}A$ 和 $\overline{R_T}A\supseteq\underline{R_\vartheta}(\overline{R_T}A)$ 为显然.

由于 $\overline{R_T}\left(\underline{R_\vartheta}A\right)=\bigcup\left\{[x_{\underline{R_\vartheta}A(x)}]_R^T:x\in U\right\}$, 且由 (1) 知, $[x_{\underline{R_\vartheta}A(x)}]_R^T\subseteq\underline{R_\vartheta}A$, 因此有 $\overline{R_T}\left(\underline{R_\vartheta}A\right)\subseteq\underline{R_\vartheta}A$.

由于 $\underline{R_\vartheta}(\overline{R_T}A)=\bigcup\left\{[x_\lambda]_R^T:[x_\lambda]_R^T\subseteq\overline{R_T}A\right\}$, 故若 $[x_\lambda]_R^T\subseteq\overline{R_T}A$, 显然有 $[x_\lambda]_R^T\subseteq\underline{R_\vartheta}(\overline{R_T}A)$, 即 $\overline{R_T}A\subseteq\underline{R_\vartheta}(\overline{R_T}A)$.

(6) 证明留给读者作为课后习题.

在定理 5.3.3 中我们只是对有限模糊集族证明了 (3) 成立. 事实上, 可以利用上、下近似的隶属函数表达式证明 $\bigcup_{t\in\mathrm{T}}\overline{R_T}A_t=\overline{R_T}\left(\bigcup_{t\in\mathrm{T}}A_t\right)$ 和 $\bigcap_{t\in\mathrm{T}}\underline{R_\vartheta}A_t=\underline{R_\vartheta}\left(\bigcap_{t\in\mathrm{T}}A_t\right)$ 成立, 留作课后练习. 在 5.4 节要用到这个结论.

细心的读者可能会注意, 如果取特殊的三角范数 T_M, 则本节上近似的定义就退化为 5.1 节给出的上近似定义. 但是本节下近似的定义不能退化为 5.1 节给出

的下近似定义. 事实上, 5.1 节给出的模糊集合上、下近似的粒结构使用的是两种不同的基本模糊集合, 本节定义的 $[x_\lambda]_R^T$ 是 5.1 节中 $[x_\lambda]_R$ 的推广, 当然也可以把 5.1 节中的 $(x_\lambda)_R$ 进行推广得到 5.1 节给出的下近似的推广形式, 有兴趣的读者可以参看文献 [5].

5.4 模糊粗糙集的格结构 (选讲)

经典粗糙集具有很好的代数结构. 在经典粗糙集理论中, 每一个可定义集合都是若干等价类的并, 全体可定义集合对并、交和补的运算封闭, 构成一个以全体等价类为原子集合的布尔代数. 对模糊粗糙集来说情况就比较复杂. 如果把近似算子 R^* 和 R_* 进行配对, 虽然二者满足对偶性, 但是由于 $R_*A = A$ 与 $A = R^*A$ 不等价, 因此无法像经典粗糙集那样定义可定义集合. 按照 5.3 节模糊粗糙集的粒结构, 我们把 $\underline{R_\vartheta}$ 和 $\overline{R_T}$ 进行配对可以合理地定义可定义集合, 但是由于这样配对的上、下近似算子不再是对偶的, 此时全体可定义集合不再构成一个布尔代数, 因而需要另外选择一个合适的数学结构作为模糊粗糙集研究的理论框架. 本节的主要目的是证明 5.3 节介绍的模糊粗糙集具有完全分配格的结构. 首先简要介绍关于完全分配格的预备知识.

一个格 L 中的元素 e 称为一个并既约元, 如果对任意的 $b, c \in L$, 由 $e = b \bigvee c$ 可以得到 $e = b$ 或 $e = c$ 成立. 格 L 的非零并既约元称为分子. 格 L 称为完全分配格如果它满足

$$\bigwedge_{i\in \mathrm{I}}\left(\bigvee_{j\in \mathrm{J}_i} a_{ij}\right) = \bigvee_{f\in\prod\limits_{i\in \mathrm{I}} \mathrm{J}_i}\left(\bigwedge_{i\in \mathrm{I}} a_{if(i)}\right),\quad \bigvee_{i\in \mathrm{I}}\left(\bigwedge_{j\in \mathrm{J}_i} a_{ij}\right) = \bigwedge_{f\in\prod\limits_{i\in \mathrm{I}} \mathrm{J}_i}\left(\bigvee_{i\in \mathrm{I}} a_{if(i)}\right),$$

这里 I 和 J_i 是非空指标集, $a_{ij} \in L$. 完备的完全分配格的每一个元素都可以写成若干个分子的并. 例如, $(F(U), \bigcup, \bigcap, U, \varnothing)$ 是一个完备的完全分配格, 其分子集合为 $\{x_\lambda : x \in U, \lambda \in (0,1]\}$.

设 T 是一个下半连续的三角范数, R 是 U 上的一个 T-模糊相似关系. 对任意的 $A \in F(U)$, 根据定理 5.3.3 有 $\underline{R_\vartheta}A = A \Leftrightarrow A = \overline{R_T}A$ 成立. 令 $F_R^T = \left\{A : \underline{R_\vartheta}A = A = \overline{R_T}A\right\}$, F_R^T 中的元素称为 R-可定义集合. 当 R 退化为经典的等价关系时, R-可定义集合就退化为经典粗糙集中的可定义集合. 由于 F_R^T 对模糊集合的补运算不再是封闭的, 因而不再具有布尔代数的结构. 由于模糊幂集 $(F(U), \bigcup, \bigcap, U, \varnothing)$ 是一个完备的完全分配格, 而 F_R^T 是 $F(U)$ 的子集, 因而我们自然猜测到 F_R^T 也是一个完全分配格, 下面的定理验证了我们的猜测.

定理 5.4.1 F_R^T 是完备的完全分配格.

证明 由于 F_R^T 是 $F(U)$ 的子集, 因此自然满足分配律. 只需证 F_R^T 是完备的. 如果 $\{A_t : t \in \mathrm{T}\} \subseteq F_R^T$, 由 T 的连续性知道 $\bigcup_{t\in\mathrm{T}} A_t = \bigcup_{t\in\mathrm{T}} \overline{R_T} A_t = \overline{R_T}\left(\bigcup_{t\in\mathrm{T}} A_t\right)$, $\bigcap_{t\in\mathrm{T}} A_t = \bigcap_{t\in\mathrm{T}} \underline{R_\vartheta} A_t = \underline{R_\vartheta}\left(\bigcap_{t\in\mathrm{T}} A_t\right)$, 故有 $\bigcup_{t\in\mathrm{T}} A_t \in F_R^T$, $\bigcap_{t\in\mathrm{T}} A_t \in F_R^T$.

推论 5.4.1 $F_R^T = \left\{\overline{R_T} A : A \in F(U)\right\} = \{\underline{R_\vartheta} A : A \in F(U)\}$.

对于 F_R^T 来说, 既然它是完备的完全分配格, 自然就会想到它的分子集合包含哪些元素. 对任意的 $A \in F(U)$ 有 $A = \bigcup_{\lambda \leqslant A(x)} x_\lambda$, 因此 $\overline{R_T} A = \bigcup_{\lambda \leqslant A(x)} \overline{R_T} x_\lambda$, 即 F_R^T 中任意的元素都是 M_R^T 中元素的并, 有如下的定理.

定理 5.4.2 M_R^T 中的每一个元素都是 F_R^T 的并既约元.

证明 对 $\forall x \in U, \lambda \in (0,1]$, $A, B \in F_R^T$, 如果 $\overline{R_T} x_\lambda = A \bigcup B$, 则有 $A \subseteq \overline{R_T} x_\lambda$ 和 $B \subseteq \overline{R_T} x_\lambda$ 成立. 由于 $x_\lambda \subseteq \overline{R_T} x_\lambda$, 有 $(A \bigcup B)(x) = A(x) \bigvee B(x) \geqslant \lambda$. 假设 $A(x) \geqslant \lambda$, 则 $x_\lambda \subseteq A$, 因此有 $\overline{R_T} x_\lambda \subseteq \overline{R_T} A = A$, 于是 $\overline{R_T} x_\lambda = A$, 即 $\overline{R_T} x_\lambda$ 是 F_R^T 的并既约元.

下面的例子说明并不是 F_R^T 的每一个并既约元都在 M_R^T 中.

例 5.4.1 设 $U = \{x^n : n = 1, 2, \cdots\}$ 是一个无限论域, R 是 U 上的一个模糊关系定义为

$$R(x^n, x^m) = \begin{cases} 1, & m = n, \\ 1 - \dfrac{1}{m \bigwedge n}, & m \neq n, \end{cases}$$

显然 R 是一个模糊等价关系. 令 $\lambda_n = 1 - \dfrac{1}{n}$, 则对 $\forall x^n, x^m \in U$, 如果 $m < n$, 则有

$$\left(\overline{R_{T_M}}\,(x^n)_{\lambda_m}\right)(x^m) = \min\{R\,(x^n, x^m), \lambda_m\} = \lambda_m,$$

从而有 $(x^m)_{\lambda_m} \subseteq \overline{R_{T_M}}\,(x^n)_{\lambda_m}$, 即

$$\overline{R_{T_M}}\,(x^m)_{\lambda_m} \subseteq \overline{R_{T_M}}\,(x^n)_{\lambda_m}.$$

于是有 $\overline{R_{T_M}}\,(x^m)_{\lambda_m} \subseteq \overline{R_{T_M}}\,(x^n)_{\lambda_n}$ 且 $\overline{R_{T_M}}\,(x^m)_{\lambda_m} \neq \overline{R_{T_M}}\,(x^n)_{\lambda_n}$. 于是得到一个链:

$$\overline{R_{T_M}}\left(x^1\right)_{\lambda_1} \subset \overline{R_{T_M}}\left(x^2\right)_{\lambda_2} \subset \cdots \subset \overline{R_{T_M}}\,(x^n)_{\lambda_n} \subset \cdots,$$

令 $A = \bigcup_{n=1}^{\infty} \overline{R_{T_M}}\,(x^n)_{\lambda_n}$, 显然 $A \in F_R^{T_M}$, $\mathrm{A}\,(x^n) = \lambda_n$ 且对 $\forall n$ 都有 $A \neq \overline{R_{T_M}}\,(x^n)_{\lambda_n}$. 对 $\forall F \in M_R^{T_M}$, 设 $F = \overline{R_{T_M}}\left(x^k\right)_\mu$, 如果 $\lambda_k < \mu$, 则 $F\left(x^k\right) = \mu \neq \lambda_k = A\left(x^k\right)$, 因此 $A \neq F$; 如果 $\mu \leqslant \lambda_k$, 则 $F \subseteq \overline{R_{T_M}}\left(x^k\right)_{\lambda_k} \subset A$, 同样有 $A \neq F$, 因此有 $A \notin M_R^{T_M}$.

设 $B,C \in F_R^{T_M}$, $A = B\bigcup C$ 且 $A \neq B$. 令 $\varepsilon_n = B(x^n)$, 则 $(x^n)_{\varepsilon_n} \subseteq B$, 于是有 $\overline{R_{T_M}}(x^n)_{\varepsilon_n} \subseteq B$, 即 $\bigcup_{n=1}^{\infty}\overline{R_{T_M}}(x^n)_{\varepsilon_n} \subseteq B$. 对任意的 $(x^n)_\lambda \subseteq B$, 有 $(x^n)_\lambda \subseteq (x^n)_{\varepsilon_n} \subseteq \overline{R_{T_M}}(x^n)_{\varepsilon_n} \subseteq \bigcup_{n=1}^{\infty}\overline{R_{T_M}}(x^n)_{\varepsilon_n}$, 即 $B \subseteq \bigcup_{n=1}^{\infty}\overline{R_{T_M}}(x^n)_{\varepsilon_n}$. 因此有 $B = \bigcup_{n=1}^{\infty}\overline{R_{T_M}}(x^n)_{\varepsilon_n}$, 则 $\varepsilon_n = B(x^n) \leqslant A(x^n) = \lambda_n$. 由于 $A \neq B$ 且 $B \subset A = \bigcup_{n=1}^{\infty}\overline{R_{T_M}}(x^n)_{\lambda_n}$, 存在 N 使得当 $n > N$ 时有 $\varepsilon_n < \lambda_n$ 成立. 否则存在一个无穷序列 $\{x^{n_k}\} \subset \{x^n\}$ 使得 $\varepsilon_{n_k} = \lambda_{n_k}$, 即 $A = \bigcup_{k=1}^{\infty}\overline{R_{T_M}}(x^{n_k})_{\lambda_{n_k}} = A = \bigcup_{k=1}^{\infty}\overline{R_{T_M}}(x^{n_k})_{\varepsilon_{n_k}} \subseteq B$. 如果 $A \neq C$, 设 $C = \bigcup_{n=1}^{\infty}\overline{R_{T_M}}(x^n)_{\pi_n}$, 则存在 M 使得当 $n > M$ 时有 $\pi_n < \lambda_n$ 成立. 不妨假设 $N \geqslant M$, 则当 $n > N$ 时有 $(B\bigcup C)(x^n) = \varepsilon_n \bigvee \pi_n < \lambda_n$, 即 $A \neq B\bigcup C$, 矛盾, 因此 $A = C$ 成立, 即 A 是一个并既约元.

定理 5.4.3　如果 U 是一个有限论域, 则 F_R^T 的每一个并既约元都属于 M_R^T.

证明　对任意一个并既约元 A, 令 $\lambda = \max_{x\in U} A(x)$, 则在集合 $\{\overline{R_T}x_\lambda : A(x) = \lambda\}$ 中存在极大的 $\overline{R_T}(x_0)_\lambda$, 于是对 $\forall\ \overline{R_T}y_\lambda \subseteq A$, 若 $\overline{R_T}y_\lambda \neq \overline{R_T}(x_0)_\lambda$, 则 $\overline{R_T}y_\lambda(x_0) < \lambda$, 否则由 $(x_0)_\lambda \subset \overline{R_T}y_\lambda$ 可得 $\overline{R_T}(x_0)_\lambda \subset \overline{R_T}y_\lambda$, 与 $\overline{R_T}(x_0)_\lambda$ 是极大的矛盾. 定义

$$B(y) = \begin{cases} A(y), & \overline{R_T}y_\lambda \neq \overline{R_T}(x_0)_\lambda, \\ 0, & \overline{R_T}y_\lambda = \overline{R_T}(x_0)_\lambda, \end{cases}$$

如果 $\overline{R_T}y_\lambda = \overline{R_T}(x_0)_\lambda$, 则 $\overline{R_T}(x_0)_\lambda(y) = \overline{R_T}y_\lambda(y) = \lambda = A(y)$, 因此有 $A = \overline{R_T}(x_0)_\lambda \bigcup B$. 由 $B \subset A$ 知 $\overline{R_T}B \subseteq \overline{R_T}A = A$, 因此有 $A = \overline{R_T}(x_0)_\lambda \bigcup \overline{R_T}B$. 由于 $\overline{R_T}B = \bigcup\{\overline{R_T}y_{A(y)} : \overline{R_T}y_\lambda \neq \overline{R_T}(x_0)_\lambda\}$, 有 $\overline{R_T}B(x_0) < \lambda$, 即 $\overline{R_T}B \neq A$, 因此 $A = \overline{R_T}(x_0)_\lambda$, 即 $A \in M_R^T$.

尽管当 U 是一个无限论域时 M_R^T 没有包含全部并既约元, 但是根据模糊粗糙集的粒结构, M_R^T 中的元素对于表示 F_R^T 是足够充分的.

在经典粗糙集理论中, 不同的等价关系对应的布尔代数是不同的. 等价关系之间的包含关系会导致其相应的布尔代数之间相反的包含关系. 下面我们指出在完全分配格的框架之下模糊粗糙集同样具有这种单调性. 对两个不同的 T-相似关系 R_1 和 R_2, 有以下定理.

定理 5.4.4　设 R_1 和 R_2 是两个不同的 T-相似关系, 则以下命题等价:

(1) $F_{R_1}^T \subseteq F_{R_2}^T$;

(2) $R_2 \subseteq R_1$;

(3) 对 $\forall A \in F(U)$, $\overline{R_{1T}}A \supseteq \overline{R_{2T}}A$, $\underline{R_{1\vartheta}}A \subseteq \underline{R_{2\vartheta}}A$.

证明 如果 $R_2 \subseteq R_1$ 且 $A \in F_{R_1}^T$, 则对 $\forall x \in U$, $A(x) = \overline{R_{1T}}A(x) = \sup_{y\in U} T(R_1(x,y), A(y)) \geqslant \sup_{y\in U} T(R_2(x,y), A(y)) = \overline{R_{2T}}A(x)$, 因此 $A = \overline{R_{2T}}A$, $A \in F_{R_2}^T$, 即 $F_{R_1}^T \subseteq F_{R_2}^T$.

如果 $F_{R_1}^T \subseteq F_{R_2}^T$, 则对 $\forall x \in U$, $\overline{R_{1T}}x_1 \in F_{R_1}^T \subseteq F_{R_2}^T$. 由于 $x_1 \subseteq \overline{R_{1T}}x_1$, 有 $\overline{R_{2T}}x_1 \subseteq \overline{R_{2T}}\left(\overline{R_{1T}}x_1\right) = \overline{R_{1T}}x_1$, 因此对 $\forall y \in U$, $R_2(x,y) = \overline{R_{2T}}x_1(y) \leqslant \overline{R_{1T}}x_1(y) = R_1(x,y)$. 因此 (1) 和 (2) 等价.

如果 $R_2 \subseteq R_1$, 对 $\forall A \in F(U)$, $x \in U$, 有

$$\overline{R_{1T}}A(x) = \sup_{y\in U} T(R_1(x,y), A(y)) \geqslant \sup_{y\in U} T(R_2(x,y), A(y)) = \overline{R_{2T}}A(x),$$

$$\underline{R_{1\vartheta}}A(x) = \inf_{y\in U} \vartheta(R_1(x,y), A(y)) \leqslant \inf_{y\in U} \vartheta(R_2(x,y), A(y)) = \underline{R_{2\vartheta}}A(x).$$

如果对 $\forall A \in F(U)$, $\overline{R_{1T}}A \supseteq \overline{R_{2T}}A$, $\underline{R_{1\vartheta}}A \subseteq \underline{R_{2\vartheta}}A$, 则对 $\forall x, y \in U$, 有 $\overline{R_{2T}}x_1 \subseteq \overline{R_{1T}}x_1$, 因此 $R_2(x,y) = \overline{R_{2T}}x_1(y) \leqslant \overline{R_{1T}}x_1(y) = R_1(x,y)$. 所以 (2) 和 (3) 等价.

习 题 5

1. 试证明推论 5.1.1—推论 5.1.3.
2. 试证明定理 5.1.2 的另一部分.
3. 试回答 5.2 节中的辨识矩阵为什么可以是不对称的? 在什么条件下会是对称的?
4. 试举例说明基于模糊粗糙集的属性约简可以是不唯一的.
5. 试证明 $\vartheta_{\cos}(x,y) = \begin{cases} 1, & x \leqslant y, \\ xy + \sqrt{(1-x^2)(1-y^2)}, & x > y. \end{cases}$
6. 如果取三角范数为 $T_{\cos}$, 对 $A \in P(U)$ 试给出 $\underline{R_\vartheta}A$ 和 $\overline{R_T}A$ 的具体表达式.
7. 试证明定理 5.3.1.
8. 试证明 $x_\lambda \subseteq \overline{R_T}A \Leftrightarrow [x_\lambda]_R^T \subseteq \overline{R_T}A$.
9. 试证明 $\overline{R_T}\left(\overline{R_T}A\right) = \overline{R_T}A, \underline{R_\vartheta}A = A \Leftrightarrow A = \overline{R_T}A$.
10. 如果我们如同定理 5.3.2 那样给出模糊集合上、下近似的隶属函数形式的定义, 试证明

$$\underline{R_\vartheta}A = \bigcup\left\{\overline{R_T}x_\lambda : \overline{R_T}x_\lambda \subseteq A\right\}, \quad \overline{R_T}A = \bigcup\left\{\overline{R_T}x_\lambda : \lambda \leqslant A(x)\right\}.$$

11. 如果我们定义模糊集合 A 的上近似为所有与 A 交非空的基本颗粒的并, 试举例说明这种定义方式的不合理性.
12. 如果想针对某个具体的决策类提取关键属性, 我们就有了局部约简的思想. 试定义基于模糊粗糙集的局部约简并给出算法.

13. 利用 $\underline{R_\vartheta}$ 来定义决策系统的正域和属性约简, 并给出具体的辨识矩阵的定义.

14. $\underline{R_\vartheta}$ 与 $\overline{R_T}$ 不具有对偶性, 试分别给出与 $\underline{R_\vartheta}$ 和 $\overline{R_T}$ 对偶的上近似和下近似的定义 (提示: 需要定义与三角范数 T 及其蕴涵算子 ϑ 对偶的算子).

15. 如何度量模糊粗糙集的粗糙度?

第 6 章　概念格理论与方法

6.1　形式背景与概念格

概念格是形式概念分析中最基本的数据分析工具, 它的数学基础是格论. 它与粗糙集理论一样, 都是 1982 年提出的. 国内 20 世纪 90 年代才逐渐开始关注概念格理论[17−28]. 实际上, 概念格理论与粗糙集理论具有较强的互补性, 很多问题可以在这两个理论之间相互转化、比较与分析. 比如, 讨论一个数据库的知识发现问题, 如果将数据库看作信息系统, 则可以通过粗糙集理论挖掘其规则; 如果将数据库看作形式背景, 则可以利用概念格理论进行关联规则发现. 进一步, 可以借助正向尺度化 (forward scaling) 方法把信息系统转化为形式背景或反向尺度化 (backward scaling) 方法把形式背景转化为信息系统, 在此基础上比较两种理论得到的规则之间的差异, 分析各自的优势与劣势, 取长补短, 从而有利于知识发现问题的深入研究. 类似的问题还有很多, 不再一一列举.

第 4 章介绍的经典粗糙集理论中的基本概念是信息系统, 每一个属性可以取多个属性值. 本章中我们所讨论的基本研究对象是形式概念. 由于一个对象相对于一个经典形式概念要么拥有该概念的所有属性, 要么不拥有该概念的所有属性, 因此在概念格的研究中所涉及的属性通常取两个值. 需要指出的是, 多值属性在概念格理论中也是允许出现的, 可以通过正向尺度化方法将多值属性转化为二值属性, 所以本质上最终还是只涉及二值属性. 下面给出概念格理论中形式背景的定义, 形式背景在概念格理论中的地位类似于信息系统在粗糙集理论中的地位.

定义 6.1.1　三元组 (U, A, I) 称为形式背景, 其中 $U = \{x_1, x_2, \cdots, x_n\}$ 是非空有限对象集, $A = \{a_1, a_2, \cdots, a_m\}$ 是非空有限属性集, I 是笛卡儿积 $U \times A$ 上的二元关系. 本章约定 $(x, a) \in I$ 表示对象 x 拥有属性 a, $(x, a) \notin I$ 表示对象 x 不拥有属性 a.

事实上, 形式背景可以看成特殊的信息系统. 下面的例子很好地说明了这一点.

例 6.1.1　表 6.1.1 给出了一个形式背景 (U, A, I), $U = \{1, 2, 3, 4, 5, 6\}$, $A = \{a_1, a_2, a_3, a_4, a_5\}$, 其中每一个属性下面的数字 1 表示对象拥有该属性, 数字 0 表示对象不拥有该属性.

表 6.1.1 形式背景 (U, A, I)

U	a_1	a_2	a_3	a_4	a_5
1	0	1	1	0	0
2	1	1	0	0	0
3	1	0	0	0	0
4	0	0	0	0	1
5	0	0	0	1	1
6	0	0	1	1	1

通常, 将不包含空行、空列、满行和满列的形式背景称为正则形式背景, 这里的"空"与"满"分别意指不拥有和拥有关系. 显然, 表 6.1.1 的形式背景是正则的.

在第 1 章中我们提及一个概念的两个基本要素是其内涵和外延, 对于非模糊的概念, 明确了其内涵就确定了其外延. 为了从形式背景 (U, A, I) 中挖掘出概念, 我们需要对概念的内涵和外延给出形式化的描述. 首先给出如下算子：任意 $X \subseteq U$, $B \subseteq A$,

$$f(X) = \{a \in A : \forall x \in X, (x, a) \in I\},$$
$$g(B) = \{x \in U : \forall a \in B, (x, a) \in I\},$$

也就是说, $f(X)$ 表示 X 中所有对象共同拥有的属性组成的集合; $g(B)$ 表示拥有 B 中所有属性的对象组成的集合.

为了方便, 记 f 和 g 的复合算子为 fg 与 gf. 易证, 算子 f 和 g 满足如下性质.

性质 6.1.1 设 (U, A, I) 为形式背景. 对于 $\forall X_1, X_2, X_3 \subseteq U$, $B_1, B_2, B_3 \subseteq A$, 有以下结论成立:

(1) $X_1 \subseteq X_2 \Rightarrow f(X_2) \subseteq f(X_1)$;

(2) $B_1 \subseteq B_2 \Rightarrow g(B_2) \subseteq g(B_1)$;

(3) $X \subseteq gf(X)$;

(4) $B \subseteq fg(B)$;

(5) $f(X) = fgf(X)$;

(6) $g(B) = gfg(B)$;

(7) $f(X_1 \bigcup X_2) = f(X_1) \bigcap f(X_2)$;

(8) $g(B_1 \bigcup B_2) = g(B_1) \bigcap g(B_2)$;

(9) $f(X_1 \bigcap X_2) \supseteq f(X_1) \bigcup f(X_2)$;

(10) $g(B_1 \bigcap B_2) \supseteq g(B_1) \bigcup g(B_2)$.

实际上, 易证算子 f 与 g 是 $(P(U), \subseteq)$ 和 $(P(A), \subseteq)$ 之间的反序伽罗瓦连接.

例 6.1.2 以表 6.1.1 的形式背景 (U, A, I) 为例来说明性质 6.1.1 的 (9) 和 (10) 中等号不必成立. 令 $X_1 = \{4, 6\}$, $X_2 = \{5, 6\}$, 则 $f(X_1) = \{a_5\}$, $f(X_2) = \{a_4, a_5\}$, 但是 $f(X_1 \bigcap X_2) = \{a_3, a_4, a_5\}$, 所以 $f(X_1 \bigcap X_2) \supset f(X_1) \bigcup f(X_2)$. 令 $B_1 = \{a_1, a_3\}$, $B_2 = \{a_3, a_4\}$, 则 $g(B_1) = \varnothing$, $g(B_2) = \{6\}$, 但是 $g(B_1 \bigcap B_2) = \{1, 6\}$, 所以 $g(B_1 \bigcap B_2) \supset g(B_1) \bigcup g(B_2)$.

利用映射 f 与 g, 我们可以给出概念及其内涵和外延形式化的描述如下.

定义 6.1.2 设 (U, A, I) 为形式背景. 对于 $\forall X \subseteq U$, $B \subseteq A$, 若 $f(X) = B$ 且 $g(B) = X$, 则称序对 (X, B) 为形式概念 (简称概念); 称 X 为概念 (X, B) 的外延, B 为概念 (X, B) 的内涵.

易见概念内涵的形式化是由对象对属性的取值抽象化得来的. 概念是人类进行认知的基本单元. 不仅如此, 概念与概念之间还存在特化-泛化关系, 具体如下:

设 (X_1, B_1) 和 (X_2, B_2) 是形式背景 (U, A, I) 的两个概念, 若 $X_1 \subseteq X_2$ 或 $B_2 \subseteq B_1$, 则称 (X_1, B_1) 是 (X_2, B_2) 的特化概念, 或 (X_2, B_2) 是 (X_1, B_1) 的泛化概念, 记为 $(X_1, B_1) \leqslant (X_2, B_2)$.

形式背景 (U, A, I) 的所有概念连同特化-泛化关系 $\leqslant$ 构成一个格 (显然是完备格), 记为 $L(U, A, I)$. 另外, 约定两个概念的上确界和下确界分别为

$$(X_1, B_1) \vee (X_2, B_2) = (gf(X_1 \bigcup X_2), B_1 \bigcap B_2),$$
$$(X_1, B_1) \wedge (X_2, B_2) = (X_1 \bigcap X_2, fg(B_1 \bigcup B_2)).$$

约定的合理性当然需要证明, 留给读者作为思考题目. 通常, 称格 $L(U, A, I)$ 为 Wille 概念格. 概念格是形式概念分析用于数据分析的核心工具.

例 6.1.3 对于表 6.1.1 的形式背景, 其概念格如图 6.1.1 所示. 按照惯例, 对象全集、属性全集和空集分别用符号 $U, A, \varnothing$ 表示, 而其他集合仅列出具体元素, 即省略集合的大括号以及元素之间的分隔逗号.

最后, 讨论子背景及其概念格.

定义 6.1.3 设 (U, A, I) 为形式背景, $R \subseteq A$. 令 $I_R = I \bigcap U \times R$, 则称 (U, R, I_R) 为 (U, A, I) 的属性子背景, 简称子背景.

如无特殊声明, 本章讨论的子背景均指属性子背景.

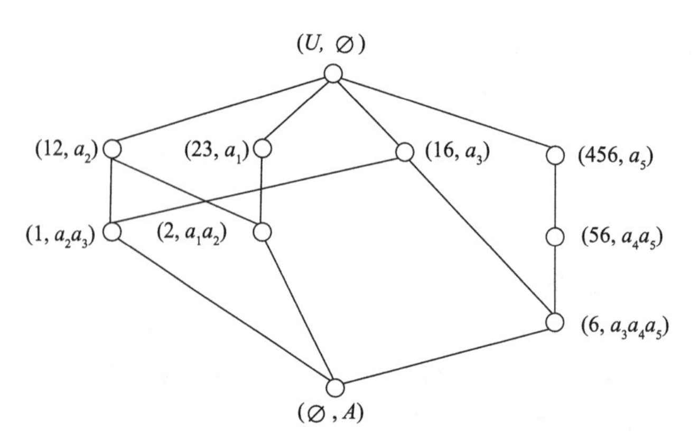

图 6.1.1 表 6.1.1 的形式背景的概念格

类似地, 由子背景 (U,R,I_R) 也可以构造概念格, 记为 $L(U,R,I_R)$. 为了以示区别, 将概念诱导算子 f 与 g 在子背景上的运算分别记为 f_R 与 g_R. 易证如下结论.

性质 6.1.2 设 (U,R,I_R) 为 (U,A,I) 的子背景. 对于 $\forall X \subseteq U$ 和 $B \subseteq R$, 则 $f_R(X) = f(X) \bigcap R$ 且 $g_R(B) = g(B)$.

为了讨论方便, 记 $L(U,A,I)$ 中所有概念外延组成的集合为 $L_U(U,A,I)$.

性质 6.1.3 设 (U,R,I_R) 为 (U,A,I) 的子背景, 则

$$L_U(U,R,I_R) \subseteq L_U(U,A,I).$$

证明 对于任意 $X \in L_U(U,R,I_R)$, 存在 $B \subseteq R$ 使得 $g_R(B) = X$. 由性质 6.1.2 可知, $g_R(B) = g(B) = X$. 另外, 注意到 $(g(B), fg(B))$ 是 (U,A,I) 的概念, 所以 $X \in L_U(U,A,I)$.

这说明, 去掉形式背景 (U,A,I) 的一部分属性, $L(U,A,I)$ 的概念外延要么保留要么消失.

性质 6.1.4 设 (U,R,I_R) 为 (U,A,I) 的子背景, $(X,B) \in L(U,A,I)$. 如果概念外延 X 保留, 则 $(X, B \bigcap R) \in L(U,R,I_R)$.

证明 因为概念外延 X 保留, 所以 $X \in L_U(U,R,I_R)$, 即存在 $B_0 \subseteq R$ 使得 $g_R(B_0) = X$ 且 $f_R(X) = B_0$. 根据性质 6.1.2 可知, $f_R(X) = f(X) \bigcap R = B \bigcap R = B_0$, 故 $(X, B \bigcap R) \in L(U,R,I_R)$.

性质 6.1.5 设 (U,R,I_R) 为 (U,A,I) 的子背景, $(X,B) \in L(U,A,I)$, 则以下结论成立:

(1) 如果 $B \subseteq R$, 则 $(X,B) \in L(U,R,I_R)$;

(2) 如果 $B \not\subset R$, 且不存在另一个 $(X_0, B_0) \in L(U, A, I)$ 使得 $(X, B) \leqslant (X_0, B_0)$ 且 $B \bigcap R = B_0 \bigcap R$, 则 $(X, B \bigcap R) \in L(U, R, I_R)$;

(3) 如果 $B \not\subset R$, 但存在另一个 $(X_0, B_0) \in L(U, A, I)$ 使得 $(X, B) \leqslant (X_0, B_0)$ 且 $B \bigcap R = B_0 \bigcap R$, 则 $X \notin L_U(U, R, I_R)$.

证明 (1) 由于 $B \subseteq R$, 有 $f_R(X) = f(X) \bigcap R = B \bigcap R = B$. 另外, 注意到 $g_R(B) = g(B) = X$, 故 $(X, B) \in L(U, R, I_R)$.

(2) 因为不存在另一个 $(X_0, B_0) \in L(U, A, I)$ 使得 $(X, B) \leqslant (X_0, B_0)$ 且 $B \bigcap R = B_0 \bigcap R$, 所以概念外延 X 没有因为删除属性集 $A - R$ 而消失, 故 $X \in L_U(U, R, I_R)$. 因此, 由性质 6.1.4 可知, $(X, B \bigcap R) \in L(U, R, I_R)$.

(3) 因为存在另一个 $(X_0, B_0) \in L(U, A, I)$ 使得 $(X, B) \leqslant (X_0, B_0)$ 且 $B \bigcap R = B_0 \bigcap R$, 所以概念外延 X 因为删除属性集 $A - R$ 而消失, 故 $X \notin L_U(U, R, I_R)$.

6.2 面向对象概念格和面向属性概念格

设 (U, A, I) 为形式背景. 对于 $\forall X \subseteq U$ 和 $B \subseteq A$, 定义

$$
\begin{aligned}
xI &= \{a \in A : (x, a) \in I\}, \\
Ia &= \{x \in U : (x, a) \in I\}, \\
X^{\square} &= \{a \in A : Ia \subseteq X\}, \\
B^{\square} &= \{x \in U : xI \subseteq B\}, \\
X^{\diamond} &= \{a \in A : Ia \bigcap X \neq \varnothing\}, \\
B^{\diamond} &= \{x \in U : xI \bigcap B \neq \varnothing\}.
\end{aligned}
$$

上述算子的语义解释如下: xI 表示对象 x 拥有的所有属性组成的集合, Ia 表示拥有属性 a 的所有对象组成的集合, $X^{\square}$ 表示对象集 X 所覆盖的所有属性组成的集合, $B^{\square}$ 表示拥有属性不超过 B 的所有对象组成的集合, $X^{\diamond}$ 表示与对象集 X 交叉的所有属性组成的集合, $B^{\diamond}$ 表示至少拥有 B 中一个属性的所有对象组成的集合.

需要指出的是, 将算子 $(\blacksquare)^{\square}$ 与 $(\blacksquare)^{\diamond}$ 引入形式概念分析中, 主要受粗糙集下近似算子和上近似算子的影响. 其目的是希望将概念格与粗糙集相结合, 提高数据分析能力.

性质 6.2.1 设 (U, A, I) 为形式背景. 对于 $\forall X, X_1, X_2 \subseteq U$ 和 $B, B_1, B_2 \subseteq A$, 有

(1) $X_1 \subseteq X_2 \Rightarrow X_1^{\square} \subseteq X_2^{\square}, X_1^{\diamond} \subseteq X_2^{\diamond}$;

(2) $B_1 \subseteq B_2 \Rightarrow B_1^{\square} \subseteq B_2^{\square}, B_1^{\diamond} \subseteq B_2^{\diamond}$;
(3) $X^{\square\diamond} \subseteq X \subseteq X^{\diamond\square}$;
(4) $B^{\square\diamond} \subseteq B \subseteq B^{\diamond\square}$;
(5) $X^{\square} = X^{\square\diamond\square}$, $X^{\diamond} = X^{\diamond\square\diamond}$;
(6) $B^{\square} = B^{\square\diamond\square}$, $B^{\diamond} = B^{\diamond\square\diamond}$;
(7) $(X_1 \bigcap X_2)^{\square} = X_1^{\square} \bigcap X_2^{\square}$, $(B_1 \bigcap B_2)^{\square} = B_1^{\square} \bigcap B_2^{\square}$;
(8) $(X_1 \bigcup X_2)^{\diamond} = X_1^{\diamond} \bigcup X_2^{\diamond}$, $(B_1 \bigcup B_2)^{\diamond} = B_1^{\diamond} \bigcup B_2^{\diamond}$;
(9) $(X_1 \bigcup X_2)^{\square} \supseteq X_1^{\square} \bigcup X_2^{\square}$, $(B_1 \bigcup B_2)^{\square} \supseteq B_1^{\square} \bigcup B_2^{\square}$;
(10) $(X_1 \bigcap X_2)^{\diamond} \subseteq X_1^{\diamond} \bigcap X_2^{\diamond}$, $(B_1 \bigcap B_2)^{\diamond} \subseteq B_1^{\diamond} \bigcap B_2^{\diamond}$.

实际上, 算子 $(\blacksquare)^{\square}$ 与 $(\blacksquare)^{\diamond}$ 是 $(P(U), \subseteq)$ 和 $(P(A), \subseteq)$ 之间的保序伽罗瓦连接; 对偶地, 算子 $(\blacksquare)^{\diamond}$ 与 $(\blacksquare)^{\square}$ 也是 $(P(U), \subseteq)$ 和 $(P(A), \subseteq)$ 之间的保序伽罗瓦连接.

例 6.2.1 以表 6.1.1 的形式背景 (U, A, I) 为例来说明性质 6.2.1 的 (9) 和 (10) 中等号不必成立. 令 $X_1 = \{1\}$, $X_2 = \{6\}$, 则 $X_1^{\square} = X_2^{\square} = \varnothing$, 但是 $(X_1 \bigcup X_2)^{\square} = \{a_3\}$, 所以 $(X_1 \bigcup X_2)^{\square} \supset X_1^{\square} \bigcup X_2^{\square}$; 令 $B_1 = \{a_1\}$, $B_2 = \{a_2\}$, 则 $B_1^{\square} = \{3\}$, $B_2^{\square} = \varnothing$, 但是 $(B_1 \bigcup B_2)^{\square} = \{2, 3\}$, 所以 $(B_1 \bigcup B_2)^{\square} \supset B_1^{\square} \bigcup B_2^{\square}$.

令 $X_1 = \{1\}$, $X_2 = \{6\}$, 则 $X_1^{\diamond} = \{a_2, a_3\}$, $X_2^{\diamond} = \{a_3, a_4, a_5\}$, 但是 $(X_1 \bigcap X_2)^{\diamond} = \varnothing$, 所以 $(X_1 \bigcap X_2)^{\diamond} \subset X_1^{\diamond} \bigcap X_2^{\diamond}$; 令 $B_1 = \{a_4\}$, $B_2 = \{a_5\}$, 则 $B_1^{\diamond} = \{5, 6\}$, $B_2^{\diamond} = \{4, 5, 6\}$, 但是 $(B_1 \bigcap B_2)^{\diamond} = \varnothing$, 所以 $(B_1 \bigcap B_2)^{\diamond} \subset B_1^{\diamond} \bigcap B_2^{\diamond}$.

下面给出两种类型的概念, 即面向对象概念和面向属性概念.

定义 6.2.1 设 (U, A, I) 为形式背景. 对于 $\forall X \subseteq U$ 和 $B \subseteq A$, 若 $X^{\square} = B$ 且 $B^{\diamond} = X$, 则称序对 (X, B) 为面向对象概念; 对偶地, 若 $X^{\diamond} = B$ 且 $B^{\square} = X$, 则称序对 (X, B) 为面向属性概念. 不管是面向对象概念, 还是面向属性概念, 均称 X 为 (X, B) 的外延, B 为 (X, B) 的内涵.

如果形式背景 (U, A, I) 的所有面向对象概念按如下的 $\leqslant_O$ 进行偏序化, 所有面向属性概念按如下的 $\leqslant_P$ 进行偏序化:

$$(X_1, B_1) \leqslant_O (X_2, B_2) \Leftrightarrow (X_1 \subseteq X_2) \bigvee (B_1 \subseteq B_2),$$
$$(X_1, B_1) \leqslant_P (X_2, B_2) \Leftrightarrow (X_1 \subseteq X_2) \bigvee (B_1 \subseteq B_2),$$

则面向对象概念连同偏序关系 $\leqslant_O$ 构成完备格, 称为面向对象概念格, 记为 $L_O(U, A, I)$; 同理, 面向属性概念连同偏序关系 $\leqslant_P$ 也构成完备格, 称为面向属性概念格, 记为 $L_P(U, A, I)$.

此外, 面向对象概念格 $L_O(U,A,I)$ 的上确界和下确界分别定义为

$$(X_1,B_1)\bigvee_O(X_2,B_2)=\left(X_1\bigcup X_2,(B_1\bigcup B_2)^{\diamond\square}\right),$$
$$(X_1,B_1)\bigwedge_O(X_2,B_2)=\left((X_1\bigcap X_2)^{\square\diamond},B_1\bigcap B_2\right).$$

类似地, 面向属性概念格 $L_P(U,A,I)$ 的上确界和下确界分别定义为

$$(X_1,B_1)\bigvee_P(X_2,B_2)=\left((X_1\bigcup X_2)^{\diamond\square},B_1\bigcup B_2\right),$$
$$(X_1,B_1)\bigwedge_P(X_2,B_2)=\left(X_1\bigcap X_2,(B_1\bigcap B_2)^{\square\diamond}\right).$$

注 当 Wille 概念格 (见 6.1 小节)、面向对象概念格和面向属性概念格同时出现时, 不妨记 Wille 概念格为 $L_W(U,A,I)$, 以示区别.

例 6.2.2 对于表 6.1.1 的形式背景, 其面向对象概念格和面向属性概念格如图 6.2.1 与图 6.2.2 所示.

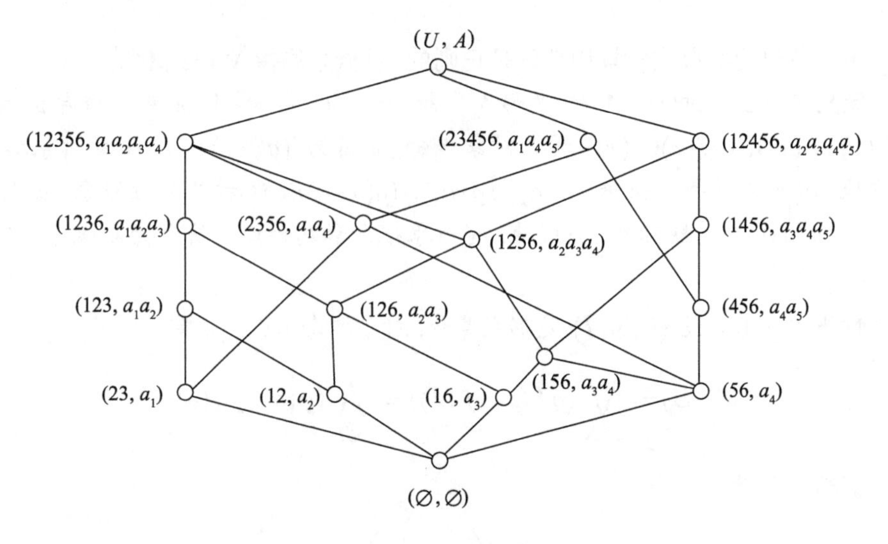

图 6.2.1 表 6.1.1 的形式背景的面向对象概念格

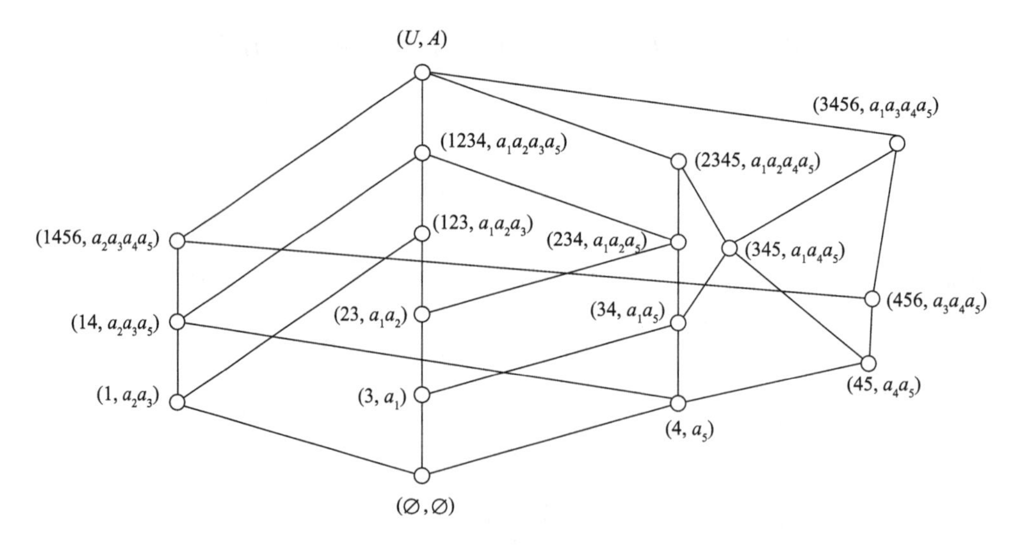

图 6.2.2 表 6.1.1 的形式背景的面向属性概念格

6.3 粒概念及其性质

本小节讨论的形式背景均默认是正则的, 且概念均指 Wille 概念.

定义 6.3.1 设 (U,A,I) 是形式背景, $x \in U$, $a \in A$. x 可以诱导出概念 $(gf(x), f(x))$, $(gf(x), f(x))$ 称为对象概念, x 称为 $(gf(x), f(x))$ 的对象标签; 同样地, a 可以诱导出概念 $(g(a), fg(a))$, $(g(a), fg(a))$ 称为属性概念, a 称为 $(g(a), fg(a))$ 的属性标签. 一般地, 将对象概念和属性概念统称为粒概念, 记为 G_{fg}.

性质 6.3.1 设 (U,A,I) 是形式背景. 对于概念 (X,B), 有

$$(X,B)=\bigvee_{x\in X}(gf(x),f(x))=\bigwedge_{a\in B}(g(a),fg(a)).$$

证明 因为

$$B=f(X)=f\left(\bigcup_{x\in X}\{x\}\right)=\bigcap_{x\in X}f(x)$$

且

$$\bigvee_{x\in X}(gf(x),f(x))=\left(gf\left(\bigcup_{x\in X}gf(x)\right),\bigcap_{x\in X}f(x)\right),$$

即概念 $\bigvee_{x\in X}(gf(x),f(x))$ 的内涵与概念 (X,B) 的内涵相同, 所以它们对应的概

念也相同, 从而 $(X,B) = \bigvee_{x\in X}(gf(x), f(x))$ 成立. 类似可证 $(X,B) = \bigwedge_{a\in B}(g(a), fg(a))$ 也成立.

由性质 6.3.1 可知, 形式背景的任一概念均可由对象概念或属性概念通过上确界运算或下确界运算得到, 这解释了为什么对象概念和属性概念均称为粒概念.

下面讨论与粒概念密切相关的两个问题：概念近似与粒描述.

所谓概念近似, 是指给定一个线索, 如何通过已知概念得到该线索对应的概念. 这里存在两个基本问题: 一是已知概念指哪些? 二是线索指什么? 下面讨论已知概念为全体概念 L(我们将 $L(U,A,I)$ 缩写为 L 是为了使稍后的公式简短美观) 且线索为对象集 X_0 的情况. 更多介绍见文献 [21].

定义 6.3.2 设 (U,A,I) 是形式背景, L 为 (U,A,I) 的所有概念组成的集合. 对于线索 $X_0\subseteq U$, X_0 的 L 下近似和 L 上近似定义为

$$\underline{L}(X_0) = \text{extent}\left(\bigvee_{\substack{(X,B)\in L\\ X\subseteq X_0}}(X,B)\right),$$

$$\overline{L}(X_0) = \text{extent}\left(\bigwedge_{\substack{(X,B)\in L\\ X_0\subseteq X}}(X,B)\right),$$

其中 extent 表示概念的外延部分.

线索 X_0 的下近似和上近似对应的概念, 称为该线索的学习概念. 当这两个概念相等时, 则学习概念是精确的; 否则, 学习概念是近似的.

为了方便, 记 G_{fg} 连同单位元一起为 G_{fg}^{*}, G_{fg} 连同零元一起为 $G_{fg}^{\#}$.

定义 6.3.3 设 (U,A,I) 是形式背景. 对于线索 $X_0\subseteq U$, X_0 的 G_{fg} 下近似和 G_{fg} 上近似定义为

$$\underline{G_{fg}}(X_0) = \text{extent}\left(\bigvee_{\substack{(X,B)\in G_{fg}^{\#}\\ X\subseteq X_0}}(X,B)\right),$$

$$\overline{G_{fg}}(X_0) = \text{extent}\left(\bigwedge_{\substack{(X,B)\in G_{fg}^{*}\\ X_0\subseteq X}}(X,B)\right).$$

性质 6.3.2 设 (U,A,I) 是形式背景. 对于线索 $X_0\subseteq U$, 有 $\underline{G_{fg}}(X_0) = \underline{L}(X_0)$, $\overline{G_{fg}}(X_0) = \overline{L}(X_0)$.

性质 6.3.2 表明, 已知概念为全体概念 L, 且线索为对象集 X_0 的概念近似问题, 等价于已知概念为粒概念 G_{fg}, 且线索为对象集 X_0 的概念近似问题. 这是概念近似问题的一个核心结论, 它将指数时间复杂度的方法替换为一个多项式时间复杂度的方法.

最后讨论粒描述问题.

定义 6.3.4 设 (U,A,I) 是形式背景, $X\subseteq U$, $B\subseteq A$. 如果 $g(B)=X$, 则称 B 是 X 的一个粒描述. 进一步, 如果 B 是 X 的粒描述, 且 B 的任一真子集都不是 X 的粒描述, 则称 B 是 X 的一个极小粒描述.

许多文献习惯上称极小粒描述为最小粒描述. 一般来说极小粒描述不唯一, 如何找到 X 的极小粒描述是粒计算领域的一个基本问题, 称为粒描述问题, 有关成果见文献 [22], [23].

性质 6.3.3 设 (U,A,I) 是形式背景. 如果 (X,B) 是概念, 则 B 是 X 的一个粒描述.

性质 6.3.4 设 (U,A,I) 是形式背景, $(g(a),fg(a))$ 为属性概念, 则属性标签 a 是 $g(a)$ 的一个极小粒描述.

由性质 6.3.3 和性质 6.3.4 可知, 给定任一概念, 能够得到该概念外延的粒描述. 特别地, 给定一个属性概念, 则通过属性标签可以获得该概念外延的极小粒描述. 那么, 一个有意思的问题是, 给定任一非属性概念, 能否得到该概念外延的极小粒描述?

性质 6.3.5 设 (U,A,I) 是形式背景, (X,B) 为非属性概念且不是零元或单位元. 如果 $(X,B)<(g(a),fg(a))$ 且 $(X,B)<(g(b),fg(b))$, 则 $\{a,b\}$ 是 X 的一个极小粒描述.

证明 由于属性概念 $(g(a),fg(a))$ 和 $(g(b),fg(b))$ 都是 (X,B) 的上近邻, 那么

$$(X,B)=(g(a),fg(a))\bigwedge(g(b),fg(b))=(g(a)\bigcap g(b),f(g(a)\bigcap g(b))),$$

又因为 $g(\{a,b\})=g(\{a\}\bigcup\{b\})=g(a)\bigcap g(b)=X$, 所以 $\{a,b\}$ 是 X 的一个粒描述. 注意到 a 和 b 单独均不是 X 的粒描述, 所以 $\{a,b\}$ 是 X 的一个极小粒描述.

性质 6.3.6 设 (U,A,I) 是形式背景, (X,B) 为非属性概念且不是零元或单位元. 如果 $(X,B)<(X_1,B_1)$, $(X,B)<(X_2,B_2)$, $R_1\subseteq B_1$ 与 $R_2\subseteq B_2$ 分别是 X_1 和 X_2 的极小粒描述, 则 $R_1\bigcup R_2$ 是 X 的一个粒描述.

证明 由于 (X_1, B_1) 和 (X_2, B_2) 都是 (X, B) 的上近邻, 那么 $(X, B) = (X_1, B_1) \bigwedge (X_2, B_2) = (X_1 \bigcap X_2, fg(B_1 \bigcup B_2))$. 又因为 $R_1 \subseteq B_1$ 与 $R_2 \subseteq B_2$ 分别是 X_1 和 X_2 的极小粒描述, 所以 $g(R_1 \bigcup R_2) = g(R_1) \bigcap g(R_2) = g(B_1) \bigcap g(B_2) = X_1 \bigcap X_2$, 故 $R_1 \bigcup R_2$ 是 X 的一个粒描述.

定义 6.3.5 设 (U, A, I) 为形式背景, $R \subseteq B \subseteq A$. 如果 $g(R) = g(B)$ 且 R 的任一真子集 E 均不满足 $g(E) = g(B)$, 则称 R 是 B 的一个约简集.

性质 6.3.7 设 (U, A, I) 是形式背景, (X, B) 为非属性概念且不是零元或单位元. 如果 $(X, B) < (X_1, B_1)$, $(X, B) < (X_2, B_2)$, $R_1 \subseteq B_1$ 与 $R_2 \subseteq B_2$ 分别是 X_1 和 X_2 的极小粒描述, 则 $R_1 \bigcup R_2$ 的约简集是 X 的一个极小粒描述.

证明 由定义 6.3.4、定义 6.3.5 以及性质 6.3.6, 容易证得.

例 6.3.1 图 6.1.1 的每个概念外延 (不含零元和单位元) 的极小粒描述见表 6.3.1.

表 6.3.1 图 6.1.1 的每个概念外延的极小粒描述

概念外延	概念	是否属性概念	极小粒描述
$\{1,2\}$	$(12, a_2)$	是	$\{a_2\}$
$\{2,3\}$	$(23, a_1)$	是	$\{a_1\}$
$\{1\}$	$(1, a_2a_3)$	不是	$\{a_2, a_3\}$
$\{2\}$	$(2, a_1a_2)$	不是	$\{a_1, a_2\}$
$\{1,6\}$	$(16, a_3)$	是	$\{a_3\}$
$\{4,5,6\}$	$(456, a_5)$	是	$\{a_5\}$
$\{5,6\}$	$(56, a_4a_5)$	是	$\{a_4\}$
$\{6\}$	$(6, a_3a_4a_5)$	不是	$\{a_3, a_4\}$

6.4 概念格构造

本节讨论如何构造一个形式背景 (U, A, I) 的 Wille 概念格 $L(U, A, I)$, 这里概念格构造是指计算形式背景的所有概念. 由于每个概念可表示为序对 (X, B), 所以最简单直观的做法就是枚举幂集 $P(U)$ 或 $P(A)$ 的全部元素, 并逐一检查它们是否形成概念, 即可获得所有概念.

例 6.4.1 表 6.4.1 给出了一个形式背景 (U, A, I), $U = \{1, 2, 3, 4\}$, $A = \{a, b, c, d, e\}$.

表 6.4.1　形式背景 (U, A, I)

U	a	b	c	d	e
1	1	0	0	0	0
2	1	1	0	0	0
3	0	0	1	0	1
4	1	1	1	1	0

由于对象数比属性数少，所以枚举幂集 $P(U)$ 的所有元素更方便一些，具体过程如下：

(1) 若 $X_1 = \varnothing$，则 $f(X_1) = A$，$g(A) = \varnothing = X_1$，所以 $(\varnothing, A)$ 是概念；

(2) 若 $X_2 = \{1\}$，则 $f(X_2) = \{a\}$，$g(\{a\}) = \{1,2,4\} \neq X_2$，所以不产生概念；

(3) 若 $X_3 = \{2\}$，则 $f(X_3) = \{a,b\}$，$g(\{a,b\}) = \{2,4\} \neq X_3$，所以不产生概念；

(4) 若 $X_4 = \{3\}$，则 $f(X_4) = \{c,e\}$，$g(\{c,e\}) = \{3\} = X_4$，所以 $(\{3\}, \{c,e\})$ 是概念；

(5) 若 $X_5 = \{4\}$，则 $f(X_5) = \{a,b,c,d\}$，$g(\{a,b,c,d\}) = \{4\} = X_5$，所以 $(\{4\}, \{a,b,c,d\})$ 是概念；

(6) 若 $X_6 = \{1,2\}$，则 $f(X_6) = \{a\}$，$g(\{a\}) = \{1,2,4\} \neq X_6$，所以不产生概念；

(7) 若 $X_7 = \{1,3\}$，则 $f(X_7) = \varnothing$，$g(\varnothing) = U \neq X_7$，所以不产生概念；

(8) 若 $X_8 = \{1,4\}$，则 $f(X_8) = \{a\}$，$g(\{a\}) = \{1,2,4\} \neq X_8$，所以不产生概念；

(9) 若 $X_9 = \{2,3\}$，则 $f(X_9) = \varnothing$，$g(\varnothing) = U \neq X_9$，所以不产生概念；

(10) 若 $X_{10} = \{2,4\}$，则 $f(X_{10}) = \{a,b\}$，$g(\{a,b\}) = \{2,4\} = X_{10}$，所以 $(\{2,4\}, \{a,b\})$ 是概念；

(11) 若 $X_{11} = \{3,4\}$，则 $f(X_{11}) = \{c\}$，$g(\{c\}) = \{3,4\} = X_{11}$，所以 $(\{3,4\}, \{c\})$ 是概念；

(12) 若 $X_{12} = \{1,2,3\}$，则 $f(X_{12}) = \varnothing$，$g(\varnothing) = U \neq X_{12}$，所以不产生概念；

(13) 若 $X_{13} = \{1,2,4\}$，则 $f(X_{13}) = \{a\}$，$g(\{a\}) = \{1,2,4\} = X_{13}$，所以 $(\{1,2,4\}, \{a\})$ 是概念；

(14) 若 $X_{14} = \{1,3,4\}$，则 $f(X_{14}) = \varnothing$，$g(\varnothing) = U \neq X_{14}$，所以不产生概念；

(15) 若 $X_{15} = \{2,3,4\}$，则 $f(X_{15}) = \varnothing$，$g(\varnothing) = U \neq X_{15}$，所以不产生概念；

(16) 若 $X_{16} = U$，则 $f(X_{16}) = \varnothing$，$g(\varnothing) = U = X_{16}$，所以 $(U, \varnothing)$ 是概念.

综上可知, 形式背景 (U,A,I) 一共有 7 个概念, 它们形成的 Hasse 图如图 6.4.1 所示.

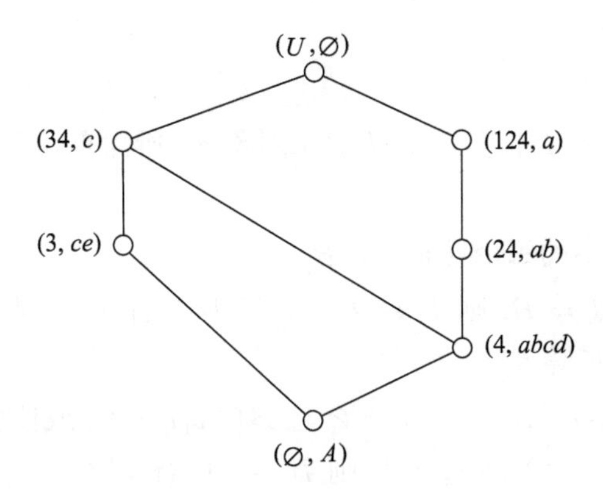

图 6.4.1 表 6.4.1 的形式背景生成的概念格

虽然通过枚举方法可以得到一个形式背景的所有概念, 且针对对象集和属性集都较小的形式背景也比较管用, 但是规模稍大一些的形式背景, 其计算量就会迅速增加. 因此, 基于计算复杂性思考, 这不是一个好的方法. 为了提高计算效率, 下面给出一种常见的增量式方法计算形式背景的所有概念.

这里仅考虑对象逐个递增的情况, 那么概念格构造的增量式方法, 其关键就是已知旧概念, 当新增一个对象时, 如何对旧概念进行增删改操作.

性质 6.4.1 设 (U,A,I) 是形式背景. 如果新增一个对象 x_i, 则旧概念变化满足以下四种情况:

(1) 对于 $(X,B)\in L(U,A,I)$, 如果 $B\bigcap x_iI=\varnothing$, 则旧概念 (X,B) 不更新 (B 为空集除外);

(2) 对于 $(X,B)\in L(U,A,I)$, 如果 $B\bigcap x_iI=B$, 则旧概念 (X,B) 更新为 $(X\bigcup\{x_i\},B)$;

(3) 对于 $(X,B)\in L(U,A,I)$, $B\bigcap x_iI$ 非空且 $B\bigcap x_iI\neq B$, 如果 X 之外没有对象 x_j 满足 $B\bigcap x_iI\subseteq x_jI$, 则借助旧概念 (X,B) 产生一个新概念 $(X\bigcup\{x_i\}$, $B\bigcap x_iI)$;

(4) 如果任意 $j<i$ 均不满足 $x_iI\subseteq x_jI$, 则对象 x_i 自己 (无须借助旧概念) 产生一个新概念 $(\{x_i\},x_iI)$.

也就是, 当形式背景新增一个对象时, 旧概念可能不变, 可能被更新, 也可能被用于辅助产生新概念. 依据上述性质, 下面给出一个计算形式背景的所有概念的算法.

算法 6.4.1　计算形式背景的所有概念

输入: 形式背景 (U,A,I)

输出: 所有概念 L

1: 初始化 $L=\varnothing$;

2: $L\leftarrow\{(\{x_1\},x_1I)\}$, 其中 x_1I 表示对象 x_1 所拥有的全部属性, 并置 $i=2$;

3: 令 $S=L$;

4: 依次遍历 S 中的每个元素 (X,B);

5: 如果 $B\bigcap x_iI=B$, 则 $L\leftarrow L-\{(X,B)\}$ 且 $L\leftarrow L\bigcup\{(X\bigcup\{x_i\},B)\}$, 并转步骤 7, 否则转步骤 6;

6: 如果 $\{x_1,x_2,\cdots,x_{i-1}\}-X=\varnothing$ 且 $B\bigcap x_iI\neq\varnothing$, 或任意 $x_j\in\{x_1,x_2,\cdots,x_{i-1}\}-X$ 均不满足 $B\bigcap x_iI\subseteq x_jI$, 则 $L\leftarrow L\bigcup\{(X\bigcup\{x_i\},B\bigcap x_iI)\}$;

7: 如果 $S-\{(X,B)\}\neq\varnothing$, 则 $S\leftarrow S-\{(X,B)\}$, 并返回步骤 4;

8: 如果任意 $j<i$ 均不满足 $x_iI\subseteq x_jI$, 则 $L\leftarrow L\bigcup\{(\{x_i\},x_iI)\}$;

9: 如果 $i<|U|$, 那么 $i\leftarrow i+1$, 并返回步骤 3;

10: 如果 $\bigcap_{(X,B)\in L}X=\varnothing$, 则 $L\leftarrow L\bigcup\{(\varnothing,A)\}$;

11: 如果 $(U,\varnothing)$ 是 (U,A,I) 的概念, 则 $L\leftarrow L\bigcup\{(U,\varnothing)\}$;

12: 输出 L.

例 6.4.2　以表 6.4.1 的形式背景 (U,A,I) 为例, 通过算法 6.4.1 计算所有概念. 具体过程如下:

(1) 初始状态只有对象 x_1, 故 $L_1=\{(X_1,B_1)\}=\{(\{x_1\},\{a\})\}$.

(2) 当对象 x_2 加入时, 有 $x_2I\bigcap B_1=\{a\}$, 故更新旧概念 (X_1,B_1) 为 $(\{x_1,x_2\},\{a\})$; 同时, 考虑到 $x_2I\subseteq x_1I$ 不成立, 所以新增概念 $(\{x_2\},x_2I)$, 即

$$L_2=\{(X_1,B_1),(X_2,B_2)\}=\{(\{x_1,x_2\},\{a\}),(\{x_2\},\{a,b\})\}.$$

(3) 当对象 x_3 加入时, 有 $x_3I\bigcap B_1=\varnothing$ 且 $x_3I\bigcap B_2=\varnothing$, 所以对旧概念无影响; 另外, 考虑到 $x_3I\subseteq x_1I$ 和 $x_3I\subseteq x_2I$ 均不成立, 所以新增概念 $(\{x_3\},x_3I)$, 即

$$\begin{aligned}L_3&=\{(X_1,B_1),(X_2,B_2),(X_3,B_3)\}\\&=\{(\{x_1,x_2\},\{a\}),(\{x_2\},\{a,b\}),(\{x_3\},\{c,e\})\}.\end{aligned}$$

(4) 当对象 x_4 加入时, 有 $x_4I\bigcap B_1=\{a\}$, $x_4I\bigcap B_2=\{a,b\}$, $x_4I\bigcap B_3=\{c\}$, 所以旧概念 (X_1,B_1) 与 (X_2,B_2) 分别更新为 $(\{x_1,x_2,x_4\},\{a\})$ 和 $(\{x_2,x_4\},\{a,b\})$,

且借助于 (X_3, B_3) 产生一个新概念 $(\{x_3, x_4\}, \{c\})$; 另外, 考虑到 $x_4I \subseteq x_1I$, $x_4I \subseteq x_2I$ 和 $x_4I \subseteq x_3I$ 均不成立, 所以新增概念 $(\{x_4\}, x_4I)$, 即

$$\begin{aligned}L_4 = \{&(\{x_1, x_2, x_4\}, \{a\}), (\{x_2, x_4\}, \{a, b\}),\\ &(\{x_3\}, \{c, e\}), (\{x_3, x_4\}, \{c\}), (\{x_4\}, \{a, b, c, d\})\}.\end{aligned}$$

(5) 由于 $\bigcap_{(X,B)\in L_4} X = \varnothing$ 且 $(U, \varnothing)$ 是 (U, A, I) 的概念, 所以

$$\begin{aligned}L = \{&(\{x_1, x_2, x_4\}, \{a\}), (\{x_2, x_4\}, \{a, b\}), (\{x_3\}, \{c, e\}),\\ &(\{x_3, x_4\}, \{c\}), (\{x_4\}, \{a, b, c, d\}), (U, \varnothing), (\varnothing, A)\},\end{aligned}$$

因此, 所得结果与例 6.4.1 完全相同.

6.5 概念格约简

众所周知, 由形式背景 (U, A, I) 可以构造一个 Wille 概念格 $L(U, A, I)$. 本节讨论如何在保证概念格同构的情况下避免属性冗余, 即找到属性集 A 的一个最小子集 R, 使得子背景 (U, R, I_R) 的概念格 $L(U, R, I_R)$ 与原始形式背景 (U, A, I) 的概念格 $L(U, A, I)$ 同构, 这里“最小”意指 R 中元素个数最少. 通常这个问题称为概念格约简, 并把计算结果 R 称为约简集.

根据 6.1 节的讨论, 概念格约简问题等价于保持概念格的外延不变 (即 $L_U(U, R, I_R) = L_U(U, A, I)$) 的情况下, 计算约简集 R.

定义 6.5.1 设 (U, A, I) 为形式背景, 如果对 $\forall a, b \in A$ 都有 $g(a) = g(b) \Rightarrow a = b$, 且对 $\forall c \in A$ 都有 $g(c) \neq \bigcap_{d\in T_c} g(d)$, 这里 $T_c = \{d \in A : g(c) \subset g(d)\}$, 则称 (U, A, I) 为属性约简背景.

以上定义中 $\forall a, b \in A$ 都有 $g(a) = g(b) \Rightarrow a = b$ 意指属性约简背景不存在相同的列, 且对 $\forall c \in A$ 都有 $g(c) \neq \bigcap_{d\in T_c} g(d)$ 意指属性约简背景的任一列均不能由其他列相交得到.

定义 6.5.2 设 (U, R, I_R) 是 (U, A, I) 的子背景, (U, R, I_R) 为属性约简背景. 如果对 $\forall a \in A - R$, 存在 $b \in R$ 使得 $g(b) = g(a)$ 或者存在 R 的子集 $T_a = \{b \in R : g(a) \subset g(b)\}$ 使得 $g(T_a) = g(a)$, 则称 (U, R, I_R) 是 (U, A, I) 的属性约简子背景.

性质 6.5.1 设 (U, R, I_R) 是 (U, A, I) 的属性约简子背景, 则 $L_U(U, R, I_R) = L_U(U, A, I)$.

证明　不失一般性, 假设 $R = A - \{a\}$. 如果 $L_U(U, R, I_R) \neq L_U(U, A, I)$, 由性质 6.1.5 可知, 存在 $(X, B) \in L(U, A, I)$ 使得 $a \in B$, 且存在另一个 $(X_0, B_0) \in L(U, A, I)$ 使得 $(X, B) \leqslant (X_0, B_0)$, $B \bigcap R = B_0 \bigcap R$. 这说明 $a \notin B_0$. 由于 (U, R, I_R) 是 (U, A, I) 的属性约简子背景, 分以下两种情况讨论:

(1) 如果存在 $b \in R$ 使得 $g(b) = g(a)$, 那么 $b \notin B_0$, 这与 $B \bigcap R = B_0 \bigcap R$ 矛盾;

(2) 如果存在 R 的子集 $T_a = \{b \in R : g(a) \subset g(b)\}$ 使得 $g(T_a) = g(a)$, 那么 $g(B) = g(B_0)$, 即 $X = X_0$, 这与 $(X, B) \neq (X_0, B_0)$ 矛盾.

因此, 假设 $L_U(U, R, I_R) \neq L_U(U, A, I)$ 不成立, 原命题正确.

性质 6.5.2　*设 (U, R, I_R) 是属性约简背景, (U, E, I_E) 是 (U, R, I_R) 的子背景, $E = R - \{c\}$. 对于属性概念 $(g_R(c), f_R g_R(c)) \in L(U, R, I_R)$, 则 $g_R(c) \notin L_U(U, E, I_E)$.*

证明　如果 $g_R(c) \in L_U(U, E, I_E)$, 那么存在 $B \subseteq R - \{c\}$ 使得 $(g_R(c), B) \in L(U, E, I_E)$, 即 $c \notin B$ 且 $g_R(c) = g_E(B) = g_R(B)$, 即 c 可由其他列相交得到, 这与 (U, R, I_R) 是属性约简背景相矛盾.

这说明, 继续去掉一个属性约简子背景 (U, R, I_R) 的任一属性, 它的概念外延必有一部分发生改变. 因此, 如果通过逐个删除形式背景 (U, A, I) 的属性以找到最小的属性集 R 使得概念格 $L(U, A, I)$ 的外延保持不变, 那么一旦发现 (U, R, I_R) 是属性约简子背景, 就可以停止删除属性, 此时 R 就是一个约简集. 换言之, 概念格约简问题与计算形式背景的属性约简子背景等价.

例 6.5.1　*以表 6.4.1 的形式背景 (U, A, I) 为例. 注意到, 属性 d 所在列可以由 b 和 c 所在列相交得到, 且任意两列均不相同. 令 $R = \{a, b, c, e\}$, 则 (U, R, I_R) 是 (U, A, I) 的属性约简子背景, 见表 6.5.1, 其概念格见图 6.5.1. 容易验证, 图 6.5.1 与图 6.4.1 同构. 因此, $R = \{a, b, c, e\}$ 是一个约简集.*

表 6.5.1　属性约简子背景 (U, R, I_R)

U	a	b	c	e
1	1	0	0	0
2	1	1	0	0
3	0	0	1	1
4	1	1	1	0

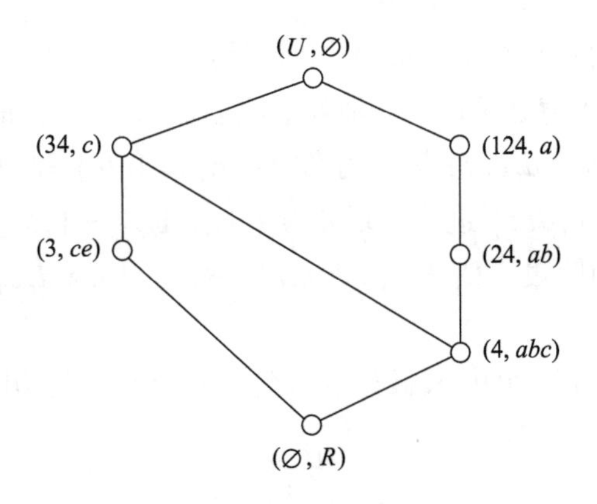

图 6.5.1 简化后的概念格

需要指出的是, 通过计算形式背景的属性约简子背景, 只能获得一个约简集. 为了得到形式背景 (U, A, I) 的所有约简集, 可以按如下步骤实施:

(1) 去掉 (U, A, I) 中可以由其他列 (不包括与自己相同的列) 相交产生的列, 记剩余子背景为 (U, E, I_E);

(2) 将 (U, E, I_E) 的属性集 E 区分为两部分 E_1 和 E_2, 其中 E_1 是没有相同列的属性组成的集合, E_2 是有相同列的属性组成的集合;

(3) 构造 E_2 的划分 $\{[a_1], [a_2], \cdots, [a_k]\}$, 其中 $[a_i]$ $(1 \leqslant i \leqslant k)$ 表示与 a_i 具有相同列的所有属性组成的等价类;

(4) 输出形式背景 (U, A, I) 的所有约简集 $R_1, R_2, \cdots, R_t$(需要证明, 留给读者), 其中

$$R_s = E_1 \bigcup \{b_1, b_2, \cdots, b_k\} \ (1 \leqslant s \leqslant t), \quad b_i \in [a_i], \quad 1 \leqslant i \leqslant k.$$

性质 6.5.3 $R_1, R_2, \cdots, R_t$ 是形式背景 (U, A, I) 的所有约简集.

例 6.5.2 表 6.5.2 给出了一个形式背景 (U, A, I), 其中 $U = \{1, 2, 3, 4\}$, $A = \{a, b, c, d, e, f\}$. 该形式背景的概念格如图 6.5.2 所示.

表 6.5.2 形式背景 (U, A, I)

U	a	b	c	d	e	f
1	1	0	0	0	0	1
2	1	1	0	1	0	1
3	0	0	1	0	1	0
4	1	1	1	1	0	1

根据上述算法可以计算 (U,A,I) 的所有约简集, 具体执行过程如下:

(1) (U,A,I) 中不存在可以由其他列 (不包括与自己相同的列) 相交产生的列;

(2) 将 $A=\{a,b,c,d,e,f\}$ 区分为两类：$A_1=\{c,e\}$ 和 $A_2=\{a,b,d,f\}$;

(3) 将 $A_2=\{a,b,d,f\}$ 进一步划分为 $\{A_{21},A_{22}\}=\{\{a,f\},\{b,d\}\}$;

(4) 输出所有约简集：$R_1=\{a,b,c,e\}$, $R_2=\{a,c,d,e\}$, $R_3=\{b,c,e,f\}$, $R_4=\{c,d,e,f\}$.

以 $R_1=\{a,b,c,e\}$ 为例, 其概念格与图 6.5.1 相同, 且与图 6.5.2 同构.

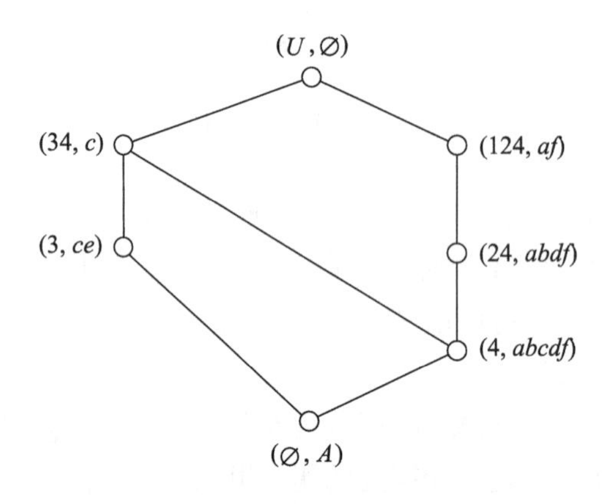

图 6.5.2 表 6.5.2 的形式背景生成的概念格

实际上, 如果不考虑形式背景存在相同列的情况, 那么约简集是唯一的.

最后, 需要指出的是, 计算概念格同构意义下的所有约简集, 存在多项式时间复杂度的方法, 但是构造概念格是指数时间复杂度的问题, 两者不能混为一谈. 换言之, 如果最终输出结果是简化概念格, 那么可以选择先通过约简形式背景再构造简化概念格, 或者先构造概念格再进行约简得到简化概念格, 无论哪种途径, 都是指数时间复杂度的问题.

此外, 除了概念格同构意义下的约简, 还有其他各种类型的约简, 如粒约简 (见文献 [26]), 保持属性覆盖能力的约简, 在此不再赘述.

6.6 概念格规则提取

本节讨论如何从一个决策形式背景中挖掘规则.

定义 6.6.1 设 (U,A,I) 和 (U,D,J) 为形式背景且 $A\bigcap D=\varnothing$, 则称五元组 (U,A,I,D,J) 为决策形式背景. 其中, A 称为 (U,A,I,D,J) 的条件属性集, D 称为 (U,A,I,D,J) 的决策属性集.

事实上, 决策形式背景可以看成包含多个决策属性的决策系统. 下面的例子很好地说明了这一点.

例 6.6.1 表 6.6.1 给出了一个决策形式背景 (U, A, I, D, J), 其中 $U = \{1, 2, 3, 4\}$, $A = \{a, b, c, d\}$, $D = \{e, f\}$.

表 6.6.1 决策形式背景 (U, A, I, D, J)

U	a	b	c	d	e	f
1	1	0	0	0	1	0
2	1	1	0	0	0	1
3	0	0	1	1	1	0
4	1	1	1	0	0	1

为了讨论方便, 记 (U, D, J) 的概念格为 $L(U, D, J)$, 概念诱导算子 f, g 在 (U, A, I) 下记为 f_A, g_A, 在 (U, D, J) 下记为 f_D, g_D.

定义 6.6.2 设 (U, A, I, D, J) 为决策形式背景, $B \subseteq A$, $C \subseteq D$. 如果 $g_A(B) \subseteq g_D(C)$, 则称 $B \to C$ 为 (U, A, I, D, J) 的一条决策蕴涵, 其中 B 称为 $B \to C$ 的前件, C 称为 $B \to C$ 的结论; 进一步, 如果 $B, g_A(B), C, g_D(C)$ 均不为空, 则称 $B \to C$ 是非平凡的决策蕴涵.

定义 6.6.3 设 (U, A, I, D, J) 为决策形式背景. 对于 $x \in U$, 如果 $g_A f_A(x) \subseteq g_D f_D(x)$, 则称 $f_A(x) \to f_D(x)$ 为 (U, A, I, D, J) 的一条粒规则; 进一步, 如果 $f_A(x), g_A f_A(x), f_D(x), g_D f_D(x)$ 均不为空, 则称 $f_A(x) \to f_D(x)$ 是非平凡的粒规则.

显然, 粒规则是特殊的决策蕴涵. 容易看出, 决策蕴涵与概念诱导算子有关, 而粒规则与对象概念有关. 下面重点讨论另一类重要规则, 即所谓的决策规则.

定义 6.6.4 设 (U, A, I, D, J) 为决策形式背景, $(X, B) \in L(U, A, I)$, $(Y, C) \in L(U, D, J)$. 如果 $X \subseteq Y$, 则称 $B \to C$ 为 (U, A, I, D, J) 的一条决策规则; 进一步, 如果 X, B, Y, C 均不为空, 则称 $B \to C$ 是非平凡的决策规则.

如无特殊声明, 下文讨论的决策规则均是非平凡的.

决策规则 $B \to C$ 的语义解释: 如果一个对象拥有前件 B 中的所有属性, 则它必拥有结论 C 中的所有属性.

容易看出, 决策规则与条件概念格 $L(U, A, I)$ 和决策概念格 $L(U, D, J)$ 均有关. 具体地, 决策规则是条件概念内涵与决策概念内涵之间的关联情况. 实际上, 决策规则是特殊的决策蕴涵, 而粒规则则是特殊的决策规则. 换言之, 从约束条件角度看, 决策规则介于粒规则和决策蕴涵之间. 正因为此, 决策规则有一些非常好的性质, 如相对于决策蕴涵它大幅减少了规则数量, 而相对于粒规则它能够保持规则相互推理的完备性 (见文献 [28]).

为了进一步减少决策规则的数量, 下面讨论如何从一个决策形式背景中获取非冗余决策规则. 为此, 记决策形式背景 $\Delta=(U,A,I,D,J)$ 的所有决策规则组成的集合为 $r(\Delta)$.

定义 6.6.5 设 $\Delta=(U,A,I,D,J)$ 为决策形式背景. 对于 $B\to C\in r(\Delta)$, 如果存在另一条决策规则 $B_0\to C_0\in r(\Delta)$ 使得 $B_0\subseteq B$ 且 $C\subseteq C_0$, 则称 $B\to C$ 在 $r(\Delta)$ 中是冗余的; 否则称它是非冗余的.

一般地, 非冗余决策规则的数量要远远小于原始决策规则的数量. 注意到, 冗余决策规则均可通过非冗余决策规则诱导出来. 因此从决策效果看, 仅关注非冗余决策规则就足够了.

实际上, 决策规则 $B\to C$ 的非冗余性可以直观解释如下：前件 B 尽可能包含少一些条件属性, 结论 C 尽可能包含多一些决策属性. 即前件尽可能 "弱", 结论尽可能 "强". 如果换一个角度, 从概念外延出发, 那么在满足约束条件 $X\subseteq Y$ 的情况下, 条件概念外延 X 尽可能大, 决策概念外延 Y 尽可能小. 因此, 关于非冗余决策规则的以下性质成立.

性质 6.6.1 设 $\Delta=(U,A,I,D,J)$ 为决策形式背景, 则 $B\to C\in r(\Delta)$ 是非冗余的当且仅当 $X\subseteq Y$, 且不存在 $X_0\in L_U(U,A,I)$ 使得 $X\subset X_0\subseteq Y$, 也不存在 $Y_0\in L_U(U,D,J)$ 使得 $X\subseteq Y_0\subset Y$.

实际上, 当 $X\neq Y$ 时, 决策规则 $B\to C$ 是非冗余的充要条件是将 Y 看作 $L_U(U,A,I)$ 的 "元素", 则 X 就是 Y 的下近邻; 同理, 将 X 看作 $L_U(U,D,J)$ 的 "元素", 则 Y 就是 X 的上近邻.

下面给出一个计算决策形式背景的所有非冗余决策规则的算法.

算法 6.6.1 计算决策形式背景的所有非冗余决策规则

输入: 决策形式背景 (U,A,I,D,J)

输出: 所有决策规则 Δ

1: 初始化 $\Delta=\varnothing$.

2: 构造条件概念格 $L(U,A,I)$ 和决策概念格 $L(U,D,J)$.

3: 遍历 $L(U,A,I)\times L(U,D,J)$ 的每个元素 $((X,B),(Y,C))$.

4: 如果 X,B,Y,C 均不为空, 则转步骤 5; 否则, 转步骤 9.

5: 如果 $X\subseteq Y$, 则转步骤 6; 否则, 转步骤 9.

6: 如果存在 $X_0\in L_U(U,A,I)$ 使得 $X\subset X_0\subseteq Y$, 则转步骤 9; 否则, 转步骤7.

7: 如果存在 $Y_0\in L_U(U,D,J)$ 使得 $X\subseteq Y_0\subset Y$, 则转步骤 9; 否则, 转步骤8.

8: $\Delta \leftarrow \Delta \bigcup \{B \to C\}$.

9: 如果 $L(U,A,I)\times L(U,D,J)$ 去掉元素 $((X,B),(Y,C))$ 之后仍不为空, 则 $L(U,A,I)\times L(U,D,J) \leftarrow L(U,A,I)\times L(U,D,J) - \{((X,B),(Y,C))\}$, 并返回步骤 3.

10: 算法结束, 输出 Δ.

例 6.6.2 以表 6.6.1 的决策形式背景 (U,A,I,D,J) 为例, 先构造条件概念格 $L(U,A,I)$ 和决策概念格 $L(U,D,J)$, 分别如图 6.6.1 和图 6.6.2 所示.

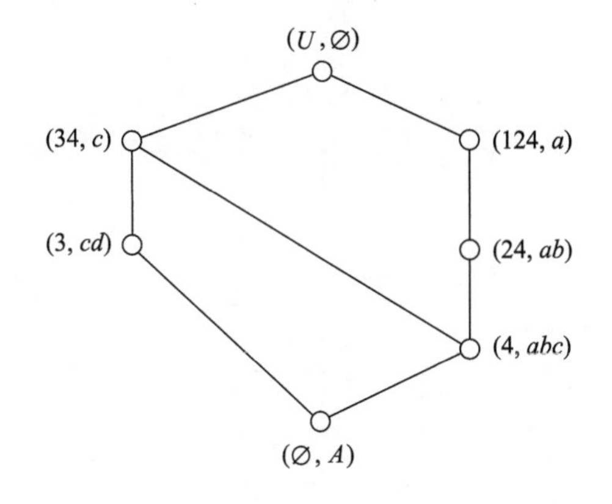

图 6.6.1 条件概念格 $L(U,A,I)$

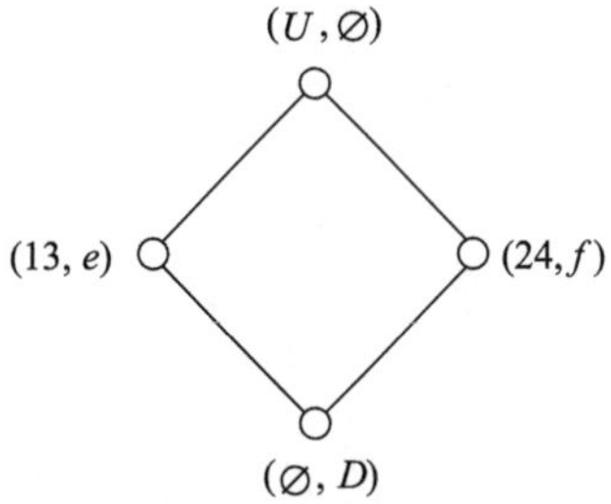

(U, ∅)
(13, e)
(24, f)
(∅, D)

图 6.6.2 决策概念格 $L(U,D,J)$

根据算法 6.6.1, 得到以下非冗余决策规则: $r_1: cd \to e$; $r_2: ab \to f$.

习 题 6

1. 证明性质 6.1.1.

2. 请解释 6.1 小节针对形式背景 (U,A,I) 给出的两个概念的上确界与下确界公式的合理性.

3. 证明性质 6.2.1.

4. 证明 $X^{\diamond} = \bigcup_{x\in X} xI$ 且 $B^{\diamond} = \bigcup_{a\in B} Ia$.

5. 给出 Wille 概念格、面向对象概念格和面向属性概念格之间的相互转化方法.

6. 讨论面向对象概念格和面向属性概念格的节点规模与形式背景二值分布之间的关联性.

7. 证明性质 6.3.2.

8. 请解释对象概念 $(gf(x), f(x))$ 的外延与包含对象 x 的等价类之间的区别.

9. 对于概念近似问题, 请给出一个度量概念近似质量的指标.

10. 请给出图 6.2.1 中面向对象概念格的每个概念外延的极小粒描述. 提示：与 Wille 概念格的情况类似, 但是语义解释不同.
11. 证明性质 6.4.1.
12. 分析算法 6.4.1 的时间复杂度, 并编程实现.
13. 证明性质 6.5.3.
14. 证明性质 6.6.1.
15. 分析算法 6.6.1 的时间复杂度, 并编程实现.

参考文献

[1] 杨纶标, 高英仪. 模糊数学原理及应用. 4 版. 广州: 华南理工大学出版社, 2005
[2] 吴从炘, 马明. 模糊分析学基础. 北京: 国防工业出版社, 1991
[3] 王国俊. 非经典数理逻辑与近似推理. 北京: 科学出版社, 2000
[4] 张小红, 裴道武, 代建华. 模糊数学与 Rough 集理论. 北京: 清华大学出版社, 2013
[5] 陈德刚. 模糊粗糙集理论与方法. 北京: 科学出版社, 2013
[6] 张光远. 近现代数学发展概论. 重庆: 重庆出版社, 1991
[7] 胡长流, 宋振明. 格论基础. 开封: 河南大学出版社, 1990
[8] Timothy Gowers. 普林斯顿数学指南. 齐民友, 译. 北京: 科学出版社, 2014
[9] Zadeh L A. Fuzzy sets. Information and Control, 1965, 8(3): 338–353
[10] 张文修, 吴伟志, 梁吉业, 等. 粗糙集理论与方法. 北京: 科学出版社, 2001
[11] 梁吉业, 李德玉. 信息系统中的不确定性与知识获取. 北京: 科学出版社, 2005
[12] 蒋泽军. 模糊数学教程. 北京: 国防工业出版社, 2004
[13] Wille R. Restructuring lattice theory: An approach based on hierarchies of concepts. Ordered Sets, 1982, 87: 445–470
[14] Medina J. Relating attribute reduction in formal, object-oriented and property-oriented concept lattices. Computers and Mathematics with Applications, 2012, 64(6): 1992–2002
[15] 李金海. 面向规则提取的概念格约简方法及其算法实现. 西安: 西安交通大学, 2012
[16] 徐伟华, 李金海, 魏玲, 等. 形式概念分析理论与应用. 北京: 科学出版社, 2016
[17] Yao Y Y. Concept lattices in rough set theory. Proceedings of 23 International Meeting of North American Fuzzy Information Processing Society, 2004: 796–801
[18] Duntsch I, Gediga G. Modal-style operators in qualitative data analysis. Proceedings of 2002 IEEE International Conference on Data Mining, 2002: 155–162
[19] 张文修, 仇国芳. 基于粗糙集的不确定性决策. 北京: 清华大学出版社, 2005
[20] 张文修, 魏玲, 祁建军. 概念格的属性约简理论与方法. 中国科学: E 辑信息科学, 2005, 35(6): 628–639
[21] Li J H, Mei C L, Xu W H, et al. Concept learning via granular computing: A cognitive viewpoint. Information Sciences, 2015, 298: 447–467
[22] Zhi H L, Li J H. Granule description based on formal concept analysis. Knowledge-Based Systems, 2016, 104: 62–73
[23] 智慧来, 李金海. 基于必然属性分析的粒描述. 计算机学报, 2018, 41(12): 2702–2719
[24] Ganter B, Wille R. Formal Concept Analysis: Mathematical Foundations. New York: Springer-Verlag, 1999
[25] Qu K S, Zhai Y H, Liang J Y, et al. Study of decision implications based on formal concept analysis. International Journal of General Systems, 2007, 36(2): 147–156

[26] Wu W Z, Leung Y, Mi J S. Granular computing and knowledge reduction in formal contexts. IEEE Transactions on Knowledge and Data Engineering, 2009, 21 (10): 1461–1474

[27] Li J H, Mei C L, Lv Y J. Knowledge reduction in decision formal contexts. Knowledge-Based Systems, 2011, 24(5): 709–715

[28] Li J H, Huang C C, Mei C L, et al. An intensive study on rule acquisition in formal decision contexts based on minimal closed label concept lattices. Intelligent Automation & Soft Computing, 2017, 23(3): 519–533